超级探险家训练营

CHAO JI TANXIANJIA XUNLIANYING

穿越撒哈拉沙漠

CHUANYUE SAHALA SHAMO

知识达人 编著

成都地图出版社

图书在版编目（CIP）数据

穿越撒哈拉沙漠 / 知识达人编著 . —成都：成都地图出版社，2016.8（2022.5 重印）
（超级探险家训练营）
ISBN 978-7-5557-0454-6

Ⅰ . ①穿… Ⅱ . ①知… Ⅲ . ①撒哈拉沙漠—普及读物 Ⅳ . ① P941.73-49

中国版本图书馆 CIP 数据核字 (2016) 第 210615 号

超级探险家训练营——穿越撒哈拉沙漠

责任编辑： 陈　红
封面设计： 纸上魔方

出版发行： 成都地图出版社
地　　址： 成都市龙泉驿区建设路 2 号
邮政编码： 610100
电　　话： 028 - 84884826（营销部）
传　　真： 028 - 84884820

印　　刷： 三河市人民印务有限公司
（如发现印装质量问题，影响阅读，请与印刷厂商联系调换）

开　　本： 710mm×1000mm　1/16
印　　张： 8　　　　　　　　**字　　数：** 160 千字
版　　次： 2016 年 8 月第 1 版　　**印　　次：** 2022 年 5 月第 5 次印刷
书　　号： ISBN 978-7-5557-0454-6
定　　价： 38.00 元

　　为什么在沼泽地中沿着树木生长的高地走就是安全的呢？"小老树"长什么样子？地球上最冷的地方在哪里？北极的生物为什么是千奇百怪的？……

　　想知道这些答案吗？那就到《超级探险家训练营》中去寻找吧。本套丛书漫画新颖，语言精练，故事生动且惊险，让小读者在掌握丰富科学知识的同时，也培养了小读者在面对困难和逆境时的勇气和智慧。

　　为了揭开丛林、河流、峡谷、沼泽、极地、火山、高原、丘陵、悬崖、雪山等的神秘面纱，活泼、爱冒险的叮叮和文静可爱的安妮跟随探险家布莱克大叔开始了奇妙的旅行，他们会遭遇什么样的困难，又是如何应对的呢？让我们跟随他们的脚步，一起去探险吧！

主人翁简介

卡尔大叔：华裔美国人，幽默风趣，富有超人智慧，喜欢旅游和考察世界各地的人文、地理、动植物。

尤丝小姐：华裔美国人，卡尔大叔的助理，细心、文雅。

史小龙：聪明、顽皮、思维敏捷，总是会有些奇思异想，喜欢旅游。

帅帅：喜欢旅行的小男孩，对探索未知充满了兴趣。

秀芬：乖巧、天真，会偶尔耍耍小性子的女孩，很喜欢提问题。

目录

第一章

想去撒哈拉沙漠

尤丝小姐推门进来时，史小龙、帅帅、秀芬正围在一起看相册，"瞧，我和骆驼的合影多帅气。"帅帅得意地嚷道。

　　"这是 2010 年世博会时你在毛里塔尼亚国家馆拍摄的吧？"尤丝小姐说，"我也拍过一张与骆驼的合影呢。"

　　"尤丝小姐，你也喜欢撒哈拉沙漠吗？"秀芬好奇地问道。

　　"当然。那是一个载满了三毛的梦想与浪漫的地方。"尤丝小姐说。

　　"三毛？！流浪儿三毛也来过这里？"帅帅惊奇地问。

　　"三毛是一个台湾女作家，她年轻时一个人前往撒哈拉，还写了《撒哈拉的故事》。"秀芬说。

　　"看来你们正聊得热火朝天呢。你们对撒哈拉大沙漠了解多少呢？"卡尔大叔抱着一堆书进来。

　　"撒哈拉沙漠位于非洲北部，是世界上最大的沙漠，它的面积差不多和美国一样大，气温高得出奇。据说，把鸡蛋埋在沙子里就会烤熟。"

鬼精灵史小龙抢先回答。他知道卡尔大叔这次旅行的目的地是撒哈拉沙漠，所以早早就查阅了相关的资料。

"竟然那么炎热啊！"帅帅再一次惊奇地张大了嘴巴。

"小龙说得没错！撒哈拉沙漠的气温的确很高，而且很干燥，你站着往地面上滴一滴水，还没等水掉到地上就已经蒸发了。因此，去撒哈拉沙漠旅行，要提前休整，养好身体，要有充沛的体力才行。"尤丝小姐说。

"那么，'撒哈拉'究竟是什么意思呢？"秀芬疑惑地问道。

"'撒哈拉'是阿拉伯语的音译，源自当地游牧民族图阿雷格人的语言，是'广阔的不毛之地'之意。"尤丝小姐说。

"不毛之地？那里一定没有生物存在了。"帅帅随口说了一句。

"你把骆驼忘记了吗？"秀芬笑着指了指帅帅和骆驼的合影。

"哈哈，差点忘记了。"帅帅不好意思地笑笑。

"没错。骆驼有'沙漠之舟'的美誉，能适应沙漠的环境。不仅仅有骆驼，撒哈拉沙漠里还有很多生命力顽强的动物，比如沙鼠、开普野兔、荒漠刺猬、沙狐等。除此之外，还有一些作用独特的植物，例如仙人掌。"尤丝小姐补充道。

"那里有人居住吗？"帅帅突然问道。

"当然有，不过数量很少，毕竟撒哈拉沙漠是地球上最不适合人类生存的地方之一。据统计，生活在撒哈拉沙漠的居民估计有250万人，每平方千米还不到0.4人。那里以阿拉伯人为主，其次是柏柏尔人。"尤丝小姐对帅帅说。

帅帅点了点头，说："真敬佩生活在那里的人，能在这样艰苦的环境中生存下来，他们都有超强的适应能力。"

"我想知道，撒哈拉沙漠总是这么炎热吗？"秀芬也说出心中的疑问。

"白天，撒哈拉沙漠的气温是很高的，但每到夜晚，气温就急剧下降。尤其在冬季的夜晚，这里最低气温接近 0℃。由于昼夜的温差较大，撒哈拉地表岩石长期在这种热胀冷缩的作用下，不断地裂纹、分裂、剥落，变成很小的碎石，这些碎石又被风化成大大小小的砾石和沙子，最终形成戈壁滩；如果继续受到风化侵蚀，就会演变成沙漠戈壁。细沙被风吹到较低的地方，就形成了沙丘。"尤丝小姐说到这里，眼神中透出了一丝向往之情。

在很多人看来，撒哈拉沙漠就像一座只有烈日和风沙的永恒炼狱。

然而，尤丝小姐不那么认为，她早就想去那里了，因为她从三毛的书中知道，撒哈拉沙漠是值得一去的地方。

"听说最早的撒哈拉并非黄沙一片，而是一片富庶的土地。那时，撒哈拉河流纵横，遍地都是大大小小的湖泊，茂盛的植物，鲜艳的花朵，各种各样的飞禽走兽，与现在完全不同。后来因气候变化，河流、湖泊渐渐干涸了，这个地区也就变成沙漠了。"史小龙对于此次的目的地早有准备，故而可以娓娓道来。

"啊？真的吗？"帅帅和秀芬有点不敢相信。

"是的。撒哈拉沙漠曾有过繁荣的远古文明。沙漠岩壁上有许多内容丰富多彩的壁画，就是远古文明的遗迹。壁画中有很多人像，也有许多千姿百态的动物图案，还有撒哈拉文字和提斐那古文字，这些文化遗迹证明在几千年甚至一万年以前，这里的文化已发展到相当高的水平。"博学多识的尤丝小姐介绍着。

"曾经富饶的土地，如今炎热的沙漠。"帅帅拿

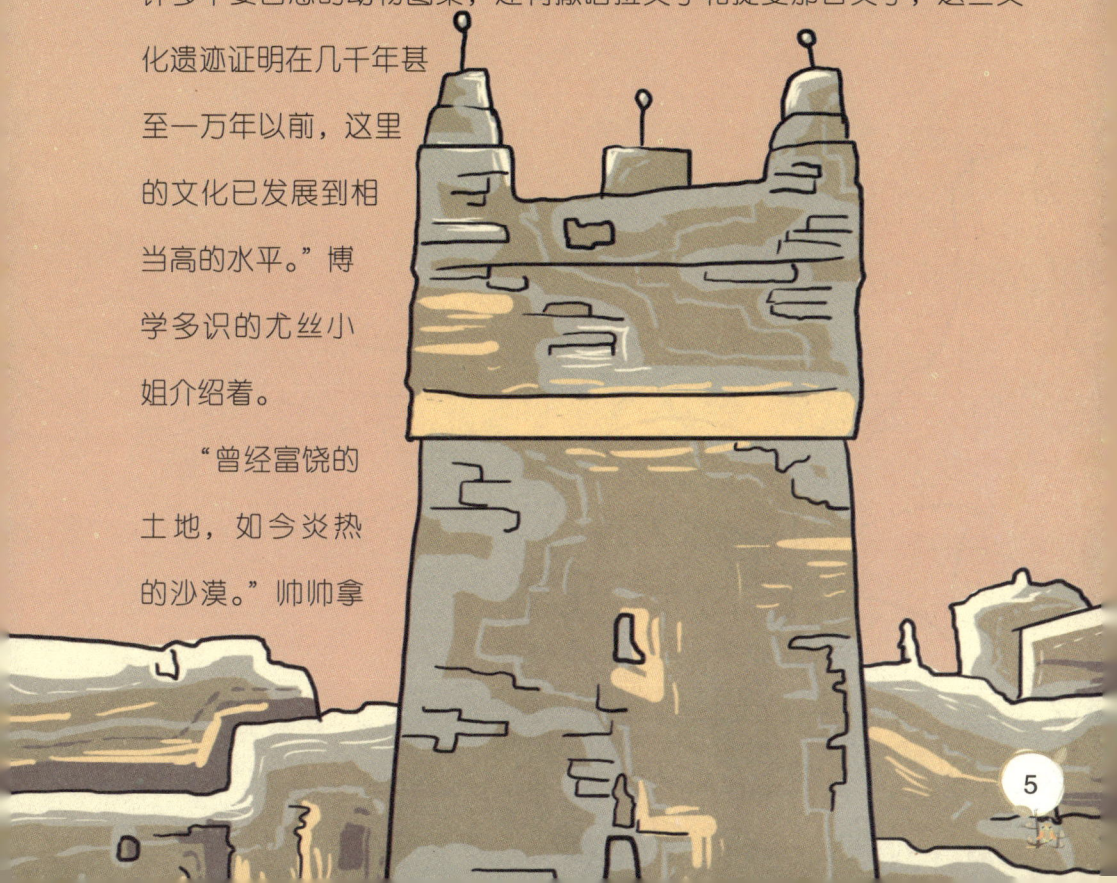

出一本笔记，在上面认真地写着。他每游览过一个地方，都要写旅游日志，还会把当时拍的相片贴在日记本上。这是他老爸教他这样做的，几年坚持下来，受益不少。

"哦，伟大而神秘的地方，我多么想亲近你！"史小龙用夸张的语调说道。

"哈哈，你们对撒哈拉沙漠都很感兴趣啊，看来这次不去都不行了。"卡尔大叔笑着说。

"要去撒哈拉沙漠？太棒啦！"大伙儿一起欢呼道。

"那里一定很神奇！"秀芬说。

"你们先看看这些书，是关于撒哈拉沙漠的。"卡尔大叔指着放在桌上的一堆书说，"我们后天出发！"

戈壁滩

戈壁滩是一种地质荒漠类型，不是特定的地名，也不是沙漠。

"戈壁"源于蒙古语，是"难生草木的土地"的意思。戈壁滩地势起伏平缓，地表由黄土和稍微大一点的砂石混合组成，地面缺水，植物稀少。

戈壁滩与沙漠不同，没有细沙，也没有沙漠中会移动的沙丘。戈壁滩的地貌不会改变，它是沙漠的前身，戈壁滩继续受到风化侵蚀，就会演变成沙漠。

我国的新疆、青海、甘肃、内蒙古和西藏的东北部等地都有戈壁滩。

初见沙漠绿洲

第二章

这一天清晨，大家吃过早饭，帅帅便问："卡尔大叔，我们该如何进入撒哈拉沙漠呢？"

"我要带你们先到突尼斯西南，从那里进入浩瀚的沙漠王国。这一条去撒哈拉沙漠的旅游路线，也是古代阿拉伯骆驼商队穿越撒哈拉沙漠的传统路线！"卡尔大叔有些兴奋地说。

"突尼斯？"几个孩子瞪大了眼睛。

"没错。突尼斯是进入撒哈拉沙漠的入口，凡是到这里来旅游或探险的人，都从突尼斯进入撒哈拉沙漠。"看几个孩子露出疑惑的神情，卡尔大叔解释道。

说完，卡尔大叔示意大家都上车，他们一行人浩浩荡荡地向着突尼斯出发了。

"突尼斯，是一个城市还是一个国家？"秀芬在车上问。

"突尼斯是一个国家。它南部是酷热干旱的撒哈拉沙漠，北部和东部临风情万种的地中海，所以很多人说，突尼斯是'一半是海水，一半是火焰'的国度。"尤丝小姐这时也说话了。

"真是一个有趣的国家。"帅帅感叹道。

卡尔大叔继续补充道："'突尼斯'是突尼斯共和国的简称，它的首都与 国家同名，

面积约有 16 万平方千米，是北非地区面积最小的一个国家，但也是历史悠久、多元文化的融合之地。"

"突尼斯的气候也像撒哈拉沙漠一样炎热难耐吗？"史小龙问道。

"不完全是，因为突尼斯的地形丰富多样，那里的环境气候也是各不相同的。突尼斯的北部，群山起伏，属于亚热带地中海气候；突尼斯的中部，为低地和台地，属于热带草原气候；突尼斯的南部，为撒哈拉沙漠，属于热带沙漠气候。"卡尔大叔解释道。

几个孩子听后点了点头。

卡尔大叔一边开车一边说："突尼斯有迷人的沙滩、宜人的气候、比邻欧洲的地理优势、物美价廉的商品以及热情好客的人民，所以它又被称为'沙漠中

的绿洲'。每年都有许多国际会议选择在突尼斯召开呢！"

行进途中，一丛一丛的沙漠植物从车窗前掠过，这些植物过去只看见过盆栽，如今就出现在漫漫的黄沙之中，这些绿色植物看起来是如此赏心悦目，令人感到生命力的强盛。每个人看到此情此景，心情都很愉快。

"怪不得这里被称为沙漠绿洲，真是名不虚传呢！"秀芬感叹道。

"卡尔大叔，给我们讲讲突尼斯吧。"史小龙对这里的兴趣愈发浓厚了。

"好的，我也正想讲给你们听呢。"卡尔大叔说，"先说说这里的人吧！生活在突尼斯的主要是阿拉伯人，他们热情好客，普遍喜爱绿色、白色和绯红色，也很喜欢骆驼、羊等动物。"

"这里的人真的很热情呢！刚刚我就看到一个人冲我们微笑，还对我们挥手。"史小龙回想起在路上看到的一幕，忍不住感慨。

"突尼斯是盛产橄榄的国家。据说，突尼斯全国约有4000多万株油橄榄树，所以突尼斯又有'橄榄之国'之称。油橄榄树是突尼斯人民的财富，也是突尼斯人民的骄傲。"卡尔大叔笑着说。

汽车终于驶进突尼斯的首都突尼斯市。

卡尔大叔带着几个人参观市容，大街上人群熙熙攘攘，两旁的商店人气兴旺。放眼望去，这里的建筑物大多为乳白色，掩映在枣椰树、棕榈树和橄榄树的绿荫中，好像飘浮在地中海上的一朵白莲花。

"好美啊！"大家情不自禁地发出感慨。

"听说突尼斯还有'沙漠玫瑰'的美称，怎么会有这么一个名称？难道这里盛产玫瑰花吗？"帅帅扬起手中的旅游杂志，他想起今天早上在书里看到的一个称呼。

"这是因为在突尼斯的撒哈拉沙漠深处出产一种美丽的石头。这是一种石膏类晶体，有许多结晶物像是围绕着花蕊的一层层花瓣，整体形状就像盛开的玫瑰一样，因此得名。"卡尔大叔说。

"突尼斯，一块在地中海和沙漠之间的绿洲。"置身于热闹、美丽的突尼斯，史小龙也发出了感慨，"让我们尽情地拥抱这个沙漠里的绿洲吧！"

"世界上阳光最多的地方就是撒哈拉，看看突尼斯就知道了。"秀芬若有所思地说。

巴尔杜国家博物馆

巴尔杜国家博物馆是北非有名的一座考古与文物博物馆，坐落于突尼斯的巴尔杜广场上。这座博物馆是一座阿拉伯风格的巨大建筑物，由突尼斯以前皇宫的一座宫殿改建而成。巴尔杜国家博物馆中珍藏着丰富多彩、闻名世界的镶嵌画。在非洲，它的规模仅次于埃及的开罗博物馆。

在巴尔杜国家博物馆内，光是大厅和长廊就有 40 多个，里面陈列着多个时期的艺术精品，这些艺术品无不让人惊叹。其中，数量最多、质量最好的可就非罗马时期的镶嵌画莫属了，在世界的排行榜上也是数一数二的。

第三章

杜兹小镇的民族风情

这天早晨，卡尔大叔租了一辆汽车，准备前往靠近撒哈拉沙漠的杜兹小镇。

临上车前，卡尔大叔对几个孩子说："我们将前往杜兹小镇，这个小镇位于突尼斯南部，也是距撒哈拉沙漠最近的一个绿洲，是古往今来人们进入撒哈拉沙漠的必由之路，所以有'撒哈拉的门户'之称。"

"那里有什么好玩的？"帅帅歪着头问道。

"哈哈，作为一个千年古镇，当然会有悠久的文化传统！"卡尔大叔笑着说，"比如，现在这里每年都要举办杜兹国际撒哈拉沙漠节，这是很多来突尼斯的游客必看的节目，能充分领略到撒哈拉游牧民族的独特风情。"

"我以为这个节日，不过是现代旅游业的一种广告宣传。"帅帅随口说了一句。

"当然也有这样的目的。不过，杜兹国际撒哈拉沙漠节源于当地每年都要举行一次的骆驼节。最初，骆驼节只是赛骆驼。从 1967 年起，便正式更名为杜兹国际撒哈拉沙漠节，表演项目也变得丰富多彩。杜兹国际撒哈拉沙漠节期间，会举办很多游牧民表演的传统音乐、民间歌舞和诗歌朗诵会，也有赛马、赛骆驼、斗骆驼等属于沙漠勇士的传统项目。此外，还有突尼斯传统的工

艺品、药草和造型艺术展览，真是热闹非凡呢！"卡尔大叔解释道。

卡尔大叔招呼大家赶紧上车，驱车前往杜兹小镇。

越接近杜兹小镇，道路两旁的热带植物越来越疏落，前面是一望无际的沙漠，头顶上是没有一丝杂色的蓝色天空。

"好了，杜兹小镇到了。"卡尔大叔的话音一落，大家连忙跳下车。

"原来这是一座四周都被沙漠包围的城镇呢。"秀芬说。

"这就是绿洲的本来意思。小镇的建筑和人们的穿着打扮都很有特点，我感觉自己来到《一千零一夜》故事中了。"史小龙也发表着自己的看法。

"啊！你们快看，那里有好多好多骆驼啊！"帅帅手指着前方，惊叹道。

"没错，杜兹小镇养了大批的骆驼，供游客骑坐。在古代，骆驼是主要的交通工具和运输工具，几乎家家户户都养骆驼。不过，这里家庭饲养的骆驼都是公骆驼，因为用作交通工具和运输工具的是公骆驼，

而母骆驼则是野生的。当地这样
做，可不是'重男轻女'！而是为了保证骆
驼的种群优势，让母骆驼在自然环境中生长，每到交
配季节，把公骆驼放走，让它们自己去沙漠深处寻找配偶，
然后再驯化这些新出生的小骆驼。直到现在，当地人仍然坚持
这种饲养骆驼的传统做法，因此杜兹小镇的骆驼非常有名。"卡
尔大叔说完以后，赶紧喝了一口水。

秀芬说："连养骆驼都有这么多的讲究！看
来，杜兹小镇也不是一个普通的小镇，一定有
不平凡的历史。"

"是的。过去，杜兹小镇是来往于撒哈拉沙
漠商队的一个重要驿站。今天，杜兹小镇是各
国游客前往撒哈拉沙
漠旅游的起始站。游
客到这里，都要先休息

一下，顺便看看这里富有阿拉伯民族风情的竞技和歌舞表演，做好各种准备，然后就可以在骆驼、摩托车或是越野车中选择一种自己喜欢的代步工具，开始撒哈拉探险之旅啦。别看杜兹小镇不太大，可也能称得上是一座小型的撒哈拉博物馆呢，世代生活在沙漠中的游牧民族和马拉兹格人的历史与传统文化，都是通过这个平台向世界人民展示的。"卡尔大叔意味深长地说。

"你们看那边，好像有演出。"帅帅指着不远处说道。

前方就是杜兹小镇的哈尼什广场，这里每天都会举办丰富多彩的活动。很多当地男人敲起阿拉伯大鼓，边敲边舞，非常有趣；在他们身边有一群阿拉伯少女，身穿阿拉伯民族服装，头上蒙着一块面纱，伴随着富有节奏感的音乐翩翩起舞；还有一些满脸稚气的孩子，在奔跑的马背上表演着惊心动魄的杂技。

"她们的衣服可真好看。"秀芬羡慕地说着。

"这些表演者穿的都是阿拉伯传统的游牧民族服装，但也融入了突尼斯当地服装元素。"尤丝小姐说。

"好激情的表演啊！"望着马背上手握长枪、表情很酷的人，帅帅十分羡慕，他已被沙漠民族彪悍和热情的表演折服。

富有激情和节奏感的阿拉伯民间音乐、热情奔放的阿拉伯歌舞表演……将欢乐的气氛推向高潮，让来这里旅游的人们都感到目不暇接，心情格外愉快。

走了很久，馋嘴的史小龙摸摸肚子问："难道你们不饿吗？我可饿了！"说完，他吐了吐舌头，又问，"谁知道这里有什么好吃的东西？"

"当然有啦。"尤丝小姐拍了拍小龙的肩膀说，"在这里，有香喷喷的阿拉伯大饼。你一定会很喜欢的。"

"大饼，不过是大饼罢了！难道阿拉伯大饼会有特殊的风味吗？"秀芬露出好奇的神情问道。

"阿拉伯大饼，是用特制的炉子烘烤而成的。刚出炉时，散发着一股香味，中间会鼓起来，像是一个半扁的球，然后可以很轻易地把大饼分为两层。"尤丝小姐热情而详细地介绍着。

"为什么要把阿拉伯大饼分成两层呢？"帅帅问道。

"这样，就可以在大饼中放入熟肉、蔬菜，用大饼夹着吃呀！当地人喜欢用大饼夹着涂着霍姆斯酱的酸黄瓜、炸薯条、蔬菜、牛肉等，味道

非常棒。"尤丝小姐说。

"是不是类似三明治，也好像我国的肉夹馍呢？"史小龙舔了舔嘴，问道。

"没错。"尤丝小姐一本正经地说，"阿拉伯各国对阿拉伯大饼的叫法是不相同的。黎巴嫩人叫'好不死'；埃及人叫'埃食'，意思是'日子''活命的东西'。虽然是音译，我想这也实在是太巧了。大饼本来就是普通老百姓的主食，让老百姓生存的食物。大多数阿拉伯国家，对粮食价格实行政府补贴，有的还规定了粮价的上限，免得出现老百姓吃不饱肚子的事情。"

"真是一种属于老百姓的食物呢！"秀芬说道。

"那我们还等什么呢？快去品尝吧！我饿了，一会儿要吃上十个大饼。"史小龙手舞足蹈地说。

"小龙，吃太多你肚子会撑破的！"秀芬打趣道，大家都笑了起来。

美好的时光总是短暂的。很快，这一天就结束了。

入夜，大家来到杜兹小镇的一家旅馆休息。沙漠的夜空，在又明又大的星星的衬托下，显得很低矮。远处的沙漠，也隐藏在夜幕之中。

杜兹肺鱼

　　杜兹小镇有一种奇异的鱼——杜兹肺鱼。这里一年中除秋季会有短暂的降水外，其余大部分日子都骄阳似火，酷热得如同一座"火焰山"。杜兹肺鱼在这种环境下形成了独特的生活习性：能在长时间缺水、缺食物的情况下，躲在河床的淤泥里，以长时间休眠来自救，等到雨季，获得新生。

　　在缺水的季节，杜兹小镇的村民常常会挖开河床里的淤泥，找出几条深藏在其中的肺鱼。他们将肺鱼对准自己的嘴巴，然后用力地挤上一通，肺鱼体内的水便会全部流入他们的口中，帮他们解渴。

第四章

徒步、开车或骑骆驼之争

撒哈拉沙漠就在眼前，卡尔大叔一行人很早就起床了，大家围坐在一起，讨论用何种方式穿越撒哈拉沙漠。

"卡尔大叔，我觉得咱们可以每人骑一匹骆驼，走进撒哈拉沙漠。我要骑骆驼进行这次远征！骑骆驼好威风啊，不过缺点是行进速度有点慢。"帅帅最先发表自己的看法。

"我觉得帅帅的提议是古典派。我想，我们可以开着四轮驱动吉普车，在沙漠里畅游。这可是现代派的作风啊！"秀芬建议。

"我倒觉得还是采用环保方式好，也就是跑步！"史小龙眨了眨眼睛，故意说道。

"小龙，你是故意信口开河的！沙漠中又干燥又炎热，而且在沙漠上行走都很困难，谁会选择在沙漠中跑步呢？"秀芬表示出对史小龙的不满。

"哈哈，秀芬，其实小龙没有胡说哦。"尤丝小姐笑着说，"在沙漠里确实有一种旅行方式，就是跑步。"

"什么？"秀芬和帅帅瞪大了眼睛。

"是的，孩子们。"卡尔大叔说话了，"曾经有一位中年男子跑步穿越了整个撒

哈拉沙漠。"

"他是谁呀？真是太伟大了！"帅帅敬佩地说。

"这个男人来自芬兰，名叫尤卡·维尔亚宁。"卡尔大叔说，"他是一名经济学讲师，热爱跑步运动，同时热衷于挑战极限。2007年，他参加了在 -30℃的环境下举行的北极马拉松赛和北极自行车极限赛。2008年，他参加了在利比亚举行的200千米沙漠长跑。2009年，他参加了南极100千米长跑。"

"哦，世界上还有体质这么好的人？快和我们讲讲他的故事吧。"秀芬觉得有些难以置信。

"维尔亚宁要跑步穿越整个撒哈拉沙漠。他先到摩洛哥，好好休息了两天，储备了体力。两天之后，他开始冒险之旅。按计划，他每天要跑50千米左右。第五天，维尔亚宁开始出现膝盖伤痛的情况，但他

仍按计划跑完了 250 千米的路程。然而，在之后的五天，维尔亚宁遭遇了一场铺天盖地的沙漠风暴，好像要吞噬一切的漫天黄沙，对他的前进造成了很大的阻碍，灌入跑鞋中的沙粒，将他的双脚都磨出了水泡。但维尔亚宁并未向这只"黄沙猛兽"屈服，他仍坚持跑完了事先预定的 250 千米路程。"卡尔大叔介绍说。

"真是一个意志力顽强的人，如果换作我，可能会因为条件艰苦而放弃了。"史小龙说。

"没错，维尔亚宁的毅力和体力不是常人所能及的。在接下来的日子里，无论环境多么恶劣，他依然按计划跑完每天应跑的路程。跑到第二十天时，维尔亚宁进入毛里塔尼亚境内，晚上休息时洗了澡，这是他进沙漠以来第一次洗澡，好好地放松了一下。此后五天，沙丘连绵不断，给维尔亚宁的跑步之行造成了一定的困难。但他确实有些好运气，竟喜逢当地三年来所下的第一场阵雨，这令他神清气爽，精神为之一振。最后六天，维尔亚宁按计划每天跑 50 千米。最后一天，由于胜利在望，他鼓足勇气，竟奇迹般地跑完了 91 千米。他终于圆满地完成了此次冒险之旅。全程 1600 多千米，历时 31 天，他成为跑步穿越撒哈拉沙漠的世界第一人。"说到这里，卡尔大叔也很兴奋。

"我们也向维尔亚宁学习吧！徒步畅游撒哈拉沙漠，怎么样？"帅帅提议。

"孩子们，等你们的身体再强壮些，生存经验再丰富些，才可以采用这种方式。你们都没有维尔亚宁的体质和长跑经验，所以跑步穿越撒哈拉沙漠是完全不可能的！"尤丝小姐笑着说。

"没错！近年来，发生过多起游客在撒哈拉沙漠游玩发生危险的案例。这说明，穿越撒哈拉沙漠是一次很冒险的旅行，大家一定要多加小心，不能掉以轻心，更不能单独行动哦！"卡尔大叔说。

三个孩子点了点头。

第五章

"雨蒸风"其实是严重警告

卡尔大叔租了一辆四轮驱动吉普车，蒙着面的司机就是向导，他自我介绍说，他叫萨拉丁。卡尔大叔告诉大家，要再过两个小时才能启程，因为刚下了一场"旱雨"，不久就会出现"雨蒸风"。

"'旱雨'是什么样的雨？刚才下的？我怎么没有感觉到？"帅帅有些奇怪地问道。

"哈哈！这事我倒知道一点。'旱雨'是撒哈拉沙漠所特有的降水现象。我们都知道沙漠干旱是常态，但并不是说沙漠没有降水。有时沙漠的高空会出现冷空气流动，也会下一阵雨。但大多数雨点从空中往下落时，还没等到落在地面却蒸发掉了，地面上仍然干旱，几乎没有雨水。人们称这种雨为'旱雨'。许多人会怀疑自己所见是幻觉，故又名'幻雨'。"史小龙想起曾在书中看到的知识，为大家解释道。

"那'雨蒸风'又是怎么回事？"秀芬追问。

卡尔大叔说："那是因为沙漠被炎热的太阳烤得灼热，低空的空气被烘烤得温度很高，也很干燥。这种热空气因体积膨胀，密度变小，会形成向上腾升的干燥高温气流。这种气流就是'雨蒸风'。即便沙漠的上空有降水，雨点从高空降落的过程中，遭遇从低空上升的'雨蒸风'，也会迅速蒸发，还没来得及

降落到地面，雨点就已经蒸发殆尽了。"

"原来是这么回事啊。"孩子们点了点头。

"'旱雨'不仅让地面干旱灾情依旧，还预示着沙漠温度将异常的高。当'旱雨'降临之际，撒哈拉沙漠的低空气温一般在60℃左右，地面上的沙砾和岩石的表面温度一般都超过了80℃。这种异常的温差很容易形成大规模的'雨蒸风'，继而会引发扬沙、大风暴和沙尘暴等自然灾害。"

"也就是说，'雨蒸风'是引发沙尘暴的原因。"秀芬似有所悟。

"是的，也可以说'雨蒸风'是沙尘暴即将来临的先兆！这就是我们不能现在开车进入撒哈拉沙漠的主要原因。"卡尔大叔说。

"能再讲一讲'雨蒸风'引发沙尘暴的情况吗？"帅帅表示自己没有听懂。

"'雨蒸风'就是大面积快速上升的热气流，在热气流迅速上升的过程中，地面附近的空间会形成一个面积很大的负压区，负压区周围的空气会流过来填补，在负压区形成强气流运动，也就是大风。可以想到，如果'雨蒸风'发生的面积很大，在负压区域就会产生风沙弥漫的大风暴，甚至是灾难性的沙尘暴。"

"想不到'雨蒸风'这个气象术语的后面，竟然是如此严重的警告！"秀芬感叹道。

"是呀！由'雨蒸风'引发的沙尘暴是非常厉害的，可以想象，当一队人牵着骆驼穿越沙漠时，突然刮起大风，黄沙就像一道巨大的墙一样，从远处铺天盖地地呼啸而来，这是多么令人感到恐惧，甚至是绝望的情景。因为身处在沙漠中，没有任何地方可以藏身，来躲避这场沙尘暴！我曾看过一个关于'雨蒸风'的纪录片，现在就为你们形容一下里面的情景。阳光普照，沙漠在'雨蒸风'的影响下，瞬间狂风大作。到处都是飞舞的沙尘，天空就像夜晚时一样昏暗。"尤丝小姐很严肃地说道。

她停顿了一会儿，又继续说："在漫天飞舞的黄沙中，还夹杂着鹅蛋一般大小的石砾。如果人被这些石砾砸到，顿时头破血流，甚至还会骨裂、骨折。其实，即便是漫天飞舞的细沙，对人也有很大的伤害，沙粒刮在脸上，就像针扎一样疼痛，甚至还会扎破皮肤。"

"如果在撒哈拉沙漠里遇上沙尘暴，岂不是必死无疑？"史小龙有些担心地说。

"当地阿拉伯人都知道沙尘暴的厉害！他们世代居住在这里，对沙尘暴发生之前的天气情况都有了解，知道'雨蒸风'一旦出现，就表示沙尘暴可能要发生了，于是立即寻找有利的地形，迅速把沙漠驼队带到较安全的地方，以免遭到被风沙掩埋的厄运。此外，阿拉伯人还会用宽大的阿拉伯长袍和头巾，把自己从

头到脚严严实实地包裹起来，在风沙中苦苦等待，等到风沙过后再启程。"卡尔大叔对史小龙说。

"刚才我还在奇怪卡尔大叔为什么不让我们前进，现在我终于明白了。"秀芬感激地看了卡尔大叔一眼。

"哈哈，孩子们，我们只有等'雨蒸风'过了，才能安全地进入撒哈拉沙漠。"卡尔大叔摸了摸秀芬的头。

"嗯，刚才司机向导说，这次'雨蒸风'规模很小，等两三个小时再看看，如果天气情况好转，我们就可以动身了。看来，我们的运气很好，不用在这里等待好几天。"尤丝小姐为大家讲解着。

"知道沙尘暴的厉害，你们还敢不敢擅闯撒哈拉沙漠了？"卡尔大叔既是开玩笑，又是认真地问三个小鬼。

"不怕！我们是勇敢的探险队！再说这也不是第一次探险，卡尔大叔会随时保护我们。这次穿越撒哈拉沙漠的旅行，一定会很顺利的。"史小龙说。

第六章

虚幻美景——海市蜃楼

一辆四轮驱动吉普车载着卡尔大叔他们，向撒哈拉沙漠深处驶去。四周都是漫漫黄沙和被风化的岩石……

卡尔大叔时不时用阿拉伯语与司机萨拉丁先生交谈着。

"你们可以留意沙漠中的小水塘，只要是没有风的天气，位置合适，往往可以看到微型的海市蜃楼景观。"突然，卡尔大叔兴奋地告诉大家，"只要植物较多的地方，细心观察，也可以看见。"

"是啊！在《雨季不再来》里，三毛写了很多有趣的沙漠故事。"尤丝小姐说，"三毛讲述她自己曾经被海市蜃楼欺骗过很多次，以致后来，她都不敢相信自己的眼睛，看东西都要摸过后才能确定是不是真的。当别人问起时，她还不好意思说是饱受海市蜃楼愚弄留下的后遗症，只是推说自己的视力不好。"

"什么是海市蜃楼呢？"孩子们瞪大了眼睛，好奇地问。

"海市蜃楼是一种在空中看见景物、人物、城镇等图像的自然现象。它常常出现在海边、沙漠的上空，图像是活动的，有的是正立的图像，有的是倒立的图像，还有侧向一边的图像；有的历时很短，有的长达几个小时。"尤丝小姐回答说。

"好神奇啊！可是，为什么会发生这种现象呢？"秀芬问道。

尤丝小姐将目光投向卡尔大叔，他最擅长回

答这种专业的问题了。

"孩子们，要解答这个问题，要从四个知识点讲起。首先是光的折射现象。什么是光的折射？把一根筷子插入一个盛有大半杯水的玻璃杯中，就会看见浸在水中的筷子与露出水面的筷子不在一条直线上，浸在水中的筷子会发生偏折。这就是光的折射现象。"卡尔大叔说。

卡尔大叔喝了一口水，继续说："发生海市蜃楼的原因，笼统地说，是因光的折射现象，当然也与光的反射现象有关。"

"那就请卡尔大叔仔细地解释海市蜃楼形成的原因吧。"秀芬对这个问题很感兴趣。

史小龙问："光的折射是光从一种介质斜射入另一种介质时，传播方向发生偏折。水和空气是两种不同物质，产生光的折射现象容易理解。地球外周有一层大气圈，都是空气，属于同一种介质，怎么也会产生光的折射现象？"

"这就是我要讲的第二个知识点。大气圈很厚，高空和低空的气温不一样，会因空气的密度不同而分层。正常情况下是上层轻，下层重。当光线穿过不同高度的空气层时总会出现折射现象，但这种折射现象我们已习惯，不觉得有什么异样。但沙漠中的空气层，是下热上冷，温差较大，更易出现空气层反常分布的情况，

也就是低空的空气密度小，高空的空气密度大。这种因密度不同的空气分层，也有不同的折射率，很容易产生光的折射现象。由于大气层很高，因密度不同而将空气分为许多层。也就是说，在光路中出现过多次光的折射现象。这一点尤为重要。"卡尔大叔继续解释道，"我再讲第三个知识点：光的反射现象。我们看到的任何物象，都是因物体对光线的反射。如果有反射光的物体存在，就会产生相反的虚像。我们照镜子，所见到的就是与自己左右相反的虚像。如果站在不宽的小湖边，就很容易看到小湖对岸的建筑、树木的倒影。记住，这些都是虚像。

"第四个知识点：较平整的物体表面，反射光线的能力较强，特别在湿润时，对光线反射的能力会有很大的提升。这一点不难理解，

这可以从刚用湿布擦过的地面和桌面会反光得到印证。"

卡尔大叔见几个小孩子都认真地听着，非常高兴，又开始讲关键的内容："我们再来说沙漠中的海市蜃楼。最常见是在一棵小树的周围，常能看到微型的海市蜃楼。原因是小树生长在较湿润的地表，会使反射光线的能力得到加强，也就是说，出现了小树虚像的条件。小树虚像是光线由密度大的空气层，进入密度小的空气层，会发生光的折射现象。在接近地表时又被向上反射，又通过下疏上密的空气层，再次发生光的折射。人只要站在一定的角度，就可以分别看到这两种虚像。

"一种是反蜃，也就是虚像在实物的下方，是在地表发生光的反射现象形成的。所以，在沙漠中一棵小树的周围，易见到树在水边的倒影。这是一种微型海市蜃楼现象。在高空看见的海市蜃楼，一般是正蜃，即虚像在实物的上方，是经过反射后又发生多次光的折射，才形成的虚像。所以图像都变形了，但更具有神秘感。"

一路上，几个孩子认真地盯着车窗外的沙丘，唯恐错过目睹海市蜃楼的机会。

海市蜃楼消失的原因

海市蜃楼可不是随时随地都能出现的，一般只有在无风或风力很微弱的时候才会出现。如果这时风力加强，上下层空气就会混合在一起，它们之间的密度差异也会跟着减小。光线也就失去了异常折射和全反射的条件，所以海市蜃楼就会消失。

沙漠植物

在沙漠环境下能生存的植物都是沙漠植物，以仙人掌科植物为主。仙人掌科植物抗旱能力强，叶子小甚至是针状叶，可以防止水分大量蒸发。茎内部是多汁肉质状，可以储存很多的水分。更奇妙的是，仙人掌科植物还像动物一样具有干旱季节休眠的特性，可以帮助植物度过缺水的旱季。在雨季来临时，又会迅速吸收水分重新生长，并开出艳丽的花朵。

第七章

喜欢穴居的柏柏尔人

一片茫茫的黄沙之间，几丛骆驼草若隐若现。一队队骆驼踏着黄沙走过，领队的人穿着长袍，从头到脚都包裹得严严实实。尤丝小姐介绍说："他们都是柏柏尔人，是北非最古老的民族。"

"看来这里的人很喜欢穿长袍呢！"帅帅注意到了那些人的服装。

"是的。柏柏尔人喜欢穿这种类似斗篷的长袍，他们把这种长袍称之为'柏柏尔长袍'。随着时代的变化，柏柏尔长袍经过改良，颜色更加鲜艳，布料种类更加丰富。"尤丝小姐介绍着。

"'柏柏尔'是什么意思？"一向爱提问的秀芬好奇地问。

尤丝小姐摸摸秀芬的头，微笑着对大家说："'柏柏尔'一词来自于古罗马语，罗马人称呼这里的人为'野蛮人'，在古罗马语中，'柏柏尔'就是野蛮人的意思。"

尤丝小姐告诉大家，柏柏尔人是撒哈拉最早的居民，在很久以前生活在南部撒哈拉沙漠的边缘处。大约七千多年前，因南部地区干旱加剧，柏柏尔人开始北迁，来到了沙漠北部的达哈尔山脉，由于那里水草肥美，便定居下来。在公元前 14 世纪，迦太基人来到这里，建

立起了迦太基殖民地，从公元前 6 世纪开始，迦太基人逐渐霸占了柏柏尔人的土地，还迫使柏柏尔人作为奴隶从事劳作。

柏柏尔人反抗迦太基人的暴虐统治，并建立了努米底亚王国，他们占据了突尼斯南部的广大地区。在这个过程中，迦太基人也和柏柏尔人通婚，他们的后代杂居在一起，最后逐渐形成了布匿人。

公元前 146 年，迦太基被罗马打败，努米底亚王国也随之覆灭，柏柏尔人被驱逐到突尼斯的南部边沿山区。到公元 7 世纪时，阿拉伯人来到了这里，他们大力传播伊斯兰教和阿拉伯文化。

尤丝小姐思考了几秒钟，总结说："经过了十几个世纪后，柏柏尔人逐步接受了阿拉伯文化。但有少数山区和绿洲地带的柏柏尔人，仍保持原民族的文化，形成了当地独特的文化现象。"尤丝小姐尽量将复杂的历史说得通俗易懂。

"就要到柏柏尔人生活的马特马塔了。"萨拉丁用阿拉伯语告诉大家。

途中，他们在一个小村子停留下来。这是一个柏柏尔人的村庄，村子里放着各种农具，在现代人的眼中，这些都是很有特色的，诸如磨粮食的石磨、用来储存物品的陶罐，以及用来锄地的锄头等。

在前方一个黄色的沙坡上，可以看到柏柏尔人开凿的洞穴，这是柏柏尔人居住的地方。洞穴很低矮，一般人要弯腰低头才能进入。里面的空间比较宽敞，并且彼此相连。

他们走进了其中一户人家，发现土墙都是用沙子、石头、石膏堆砌成的，没有使用任何现代的建筑材料。在洞穴中还有院落，卧室、客厅、厨房和餐厅都在一个院子内。

帅帅盯着小院门上所画的一只小手与两只小鱼的图案，沉思着。

萨拉丁解释道："图案是保平安的意思，柏柏尔人用它来辟邪，所以在突尼斯很多首饰店，都可以买得到这样的挂坠。"

"为什么这里的人认为鱼可以保平安呢？"秀芬问。

"在当地人看来，现在的沙漠是由大海演变而成，鱼是海洋的守护者，大海消失了之后，鱼依旧庇护着这里的人们，所以鱼成了柏柏尔人的吉祥物。这就是我们柏柏尔人文化和艺术的来源。"萨拉丁说道。

原来萨拉丁是柏柏尔人！柏柏尔人都是沙漠的旅行者，他们对沙漠如同对自己的家一样熟悉，所以一般进入撒哈拉沙漠旅行都是由柏柏尔人带队。

"我不太明白，为什么柏柏尔

人像原始人一样穴居呢？"帅帅疑惑地问。

"这种穴居式的居住方式跟这里的气候有关系。因为撒哈拉沙漠终年酷热，古代柏柏尔人为了生存下去，就在山丘上往下挖一个直径约10米，深约六七米的洞穴，然后在洞壁上再挖出一个个类似房间一样的洞。所以，我们站在外面，看不到任何的房屋，只看到一个个坑。"卡尔大叔解答道。

"好聪明的柏柏尔人啊！"秀芬说。

"住在这样的洞里，一定很凉爽吧？"帅帅问道。

"没错，住在洞里，人们不再受到烈日的暴晒和漫天飞舞的风沙的袭击。洞里清爽舒适，不受季节影响，还可以储存谷物、枣椰果、橄榄、葡萄酒等。"卡尔大叔说。

如今柏柏尔人不再四处漂泊，而是定居下来，进行一些农作物种植，比如小麦、蔬菜、水果等。夏天时就去山区牧羊，但常年游牧的人已越来

越少了。

"能够在如此恶劣的环境中一代代生存下去，真是生命的奇迹！"尤丝小姐感叹道。

撒哈拉沙漠人烟稀少，长期居住的人更少。这些贫瘠的土地只能供少量的人和牲畜生活。近年来，随着当地农业技术的进步，人们对动植物的培育和驯养都提升到一个更高的水平。对外贸易也逐渐发展起来，这片寂静的土地又开始热闹起来了。

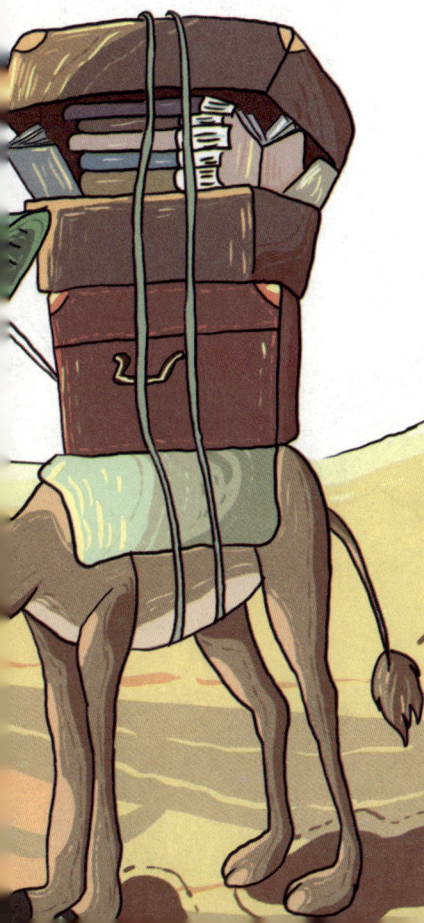

知识百宝箱

必不可少的面纱和头巾

信奉伊斯兰教的柏柏尔人，所有的妇女都戴着面纱和头巾。这种装扮其实是沙漠地带服装的特色。由于气候干旱，风沙剧烈，温差变化大，太阳光照强烈，戴头巾和面纱可以防沙、防晒。但也并不是所有的柏柏尔族妇女都要戴面纱，图阿雷格人属于柏柏尔人的支系，男人戴面纱，女人却可以不戴。图阿雷格的男人不能轻易露出面孔和嘴巴，否则就会被认为是失礼的行为。

第八章

遭遇干雾，石堆引路

一早醒来，卡尔大叔一行人遇到大雾天气。放眼望去，根本看不见远处的沙漠。一切都隐藏在大雾之中。

"在如此干燥的撒哈拉沙漠，空气中也能冷凝出小水珠吗？"帅帅诧异地问道。

"当然不能。这些浓雾并非是小水珠形成的，而只是一些干燥的尘埃，形成了撒哈拉沙漠特有的'干雾'现象。"史小龙说，"在风力较小的时候，许多微尘颗粒就会悬浮在接近地面的空气中，它们不会落到地面，也不会上升到高空，这时能见度大大降低，看起来与大雾天没有什么区别。有时'干雾'很浓，能见度低于 100 米，这时最易迷路，使在沙漠中行走的人处于未知的危险之中。"

"那'干雾'会随着太阳出来而逐渐散去吗？"秀芬问。

卡尔大叔说："不会。'干雾'是飘浮在空气中的粉尘，当然不会像大雾一样，随着太阳出来而逐渐散去。'干雾'一般会延续几天。古代骆驼商队遇到这种天气也要继续赶路，因为携带的水和食物是有限的。如果在途中逗留时间太长，照样会有生命危险。'干雾'的危险，就在于会使人迷路。

"为了不迷路，商队每走一段路，就要在路边放一块石头作为标志。如果走着走着发现迷路了，就会掉头，沿着石头标记退回原处，并把作为标记的石头收回来。所以，凭这些石头标记就不会迷路。许多年来，无数的商队都是这样做的，所以在古商道的两边都会有较多的石头，这就是路标。即便遇上'干雾'天气，也不要心慌，只要沿着石头路标前进，就一定能够安全地走出沙漠危险区。

"然而，在撒哈拉的中心地带坦尼兹洛夫特，这一段古商道的两侧就很少有石头标志。这个地方的沙漠有900多平方千米，没有任何水源，是一片不毛之地。由于沙漠中没有明显的地貌作为标志，古代常有人或商队误入其中，很少有人能活着出来。"

尤丝小姐说："办法总是人想出来的，为了解决这片沙漠的路标问题，曾经占领这里的法国人，利用一些黑色的汽油桶作为标志物，每隔5千米放一个黑色汽油桶。这是人们穿越沙漠时视力所能看到的最远距离。所以在白天，路过此地的人总能看见汽油桶，他们沿着汽油桶继续走下去，就能走出这片沙漠。"

"这倒是一个很有用的办法。"史小龙感慨地说。

"对了，尤丝小姐，为什么我在沙漠里待了几

天，总会听到一些奇怪的声音呢？"秀芬问。

"你说的奇怪的声音，生活在这里的人经常会听到。发音处远近不一，声音也不同，有的像大炮轰鸣，有的像枪声，有的像雷鸣，有的像鼓声。"尤丝小姐对秀芬说。

接着，她看了看几个孩子，又说："其实这些声音并没有什么奥秘，虽然很多人认为与鬼神有关，甚至形成了传说。其实这是沙漠中正常的自然现象。你们可以想一想，撒哈拉沙漠在烈日的暴晒下，中午气温一般都高于50℃，沙子的温度甚至会达到80℃以上，但到了晚上，由于空气流动迅速，气温快速降低到0℃左右。岩石和沙砾的表面和内部的温度差太大，一时难以平衡，有的石头表层会崩裂开来，形成各种爆炸的声音。"

吉普车在"干雾"中慢慢穿行，由于车速也不算很慢，走着走着，"干雾"就渐渐淡去了。

被雪覆盖的沙漠

我国最大的沙漠是塔克拉玛干沙漠，位于塔里木盆地，其覆盖面积达 33 万平方千米，与新西兰的国土面积一般大小。塔克拉玛干沙漠就像是一片无边无际的黄沙海洋，狂风整日呼啸，人迹罕至，只有一座座好似金字塔的沙丘孤独地横卧在沙漠中。

古代的丝绸之路要绕过塔克拉玛干沙漠，从沙漠的北缘和南缘穿过。2008 年，塔克拉玛干沙漠迎来了有史以来最大的一场降雪，并且大雪一下就是 11 天。整片沙漠都被冰雪覆盖，气温也降低到从未有过的温度，真是难得一见的沙漠雪景。

第九章

穿越撒哈拉沙漠的古商道

53

远方，有一骆驼队在撒哈拉沙漠上行进。

史小龙望着远远的骆驼队伍，若有所思地问："卡尔大叔，这次我们是沿着古老商道在穿越沙漠吗？"

"是的，但穿越撒哈拉沙漠的古商道不止一条。"卡尔大叔说，"看来，你对穿越撒哈拉沙漠的古商道很感兴趣。你说说，你了解多少？"

"对啊，小龙，快给我们讲讲穿越撒哈拉沙漠的古商道吧！"秀芬说。

"书上说，穿越撒哈拉沙漠的古商道，是在 8 世纪至 16 世纪末开通的。"史小龙一向很有探险精神，对这次撒哈拉沙漠探险做足了

功课。

史小龙抑扬顿挫地说:"这期间,西非国家和北非国家之间的贸易物资就靠这条古商道运输。古商道贸易甚至延伸到地中海沿岸。商人们利用骆驼在两地之间奔走,贩卖货物。7世纪以后,穿越撒哈拉沙漠的古商道被阿拉伯人占领了。以后,这条古商道更加重要,开始快速发展,并在11世纪至16世纪达到全盛时期。但17世纪以来,因各种历史原因,不需要这种方式运输货物,所以古商道逐渐变得默默无闻了。"

"在这种地区经商,要有一定的预期利润,才会形成一定的规模。穿越撒哈拉沙漠的古商道是怎样形成的?"尤丝小姐问道。

"穿越撒哈拉沙漠古商道的主要是当地商人,他们把当地的特产运输出去,再运回当地需要的商品,进行区域性的贸易活动。"卡尔大叔说,"当时主要是金、盐贸易,地中海国家多盐缺金,西非国家则是多金缺盐。另外,有很多非洲人被送到北方沿海地

区做家庭奴隶，西非国家也需要买进训练有素的奴隶军。因此，几条古商道就这样开辟出来了，这些古商道中，以吉尔马萨到摩洛哥西部卡萨布兰卡的古商道最为重要。"

卡尔大叔指着一匹骆驼说："在几千年前，尼罗河附近已经有小型的贸易，穿越撒哈拉沙漠的古商道的贸易往来在骆驼被驯化后变得更加频繁，因为如果没有骆驼，穿越撒哈拉沙漠是难以想象的。"

"哦，穿越撒哈拉沙漠的古商道主要是靠骑骆驼？"帅帅问。

"是的。穿越撒哈拉沙漠的古商道主要是靠骆驼商队。这些骆驼在为商队服役之前，要先在马格里布调养好几天，然后再进行长途跋涉。在阿拉伯商队最为兴盛的时期，一支商队往往要用1000匹骆驼，有的大商队甚至要用上万匹骆驼。"史小龙说道。

"那由谁来担任商队的向导呢？"秀芬问道。

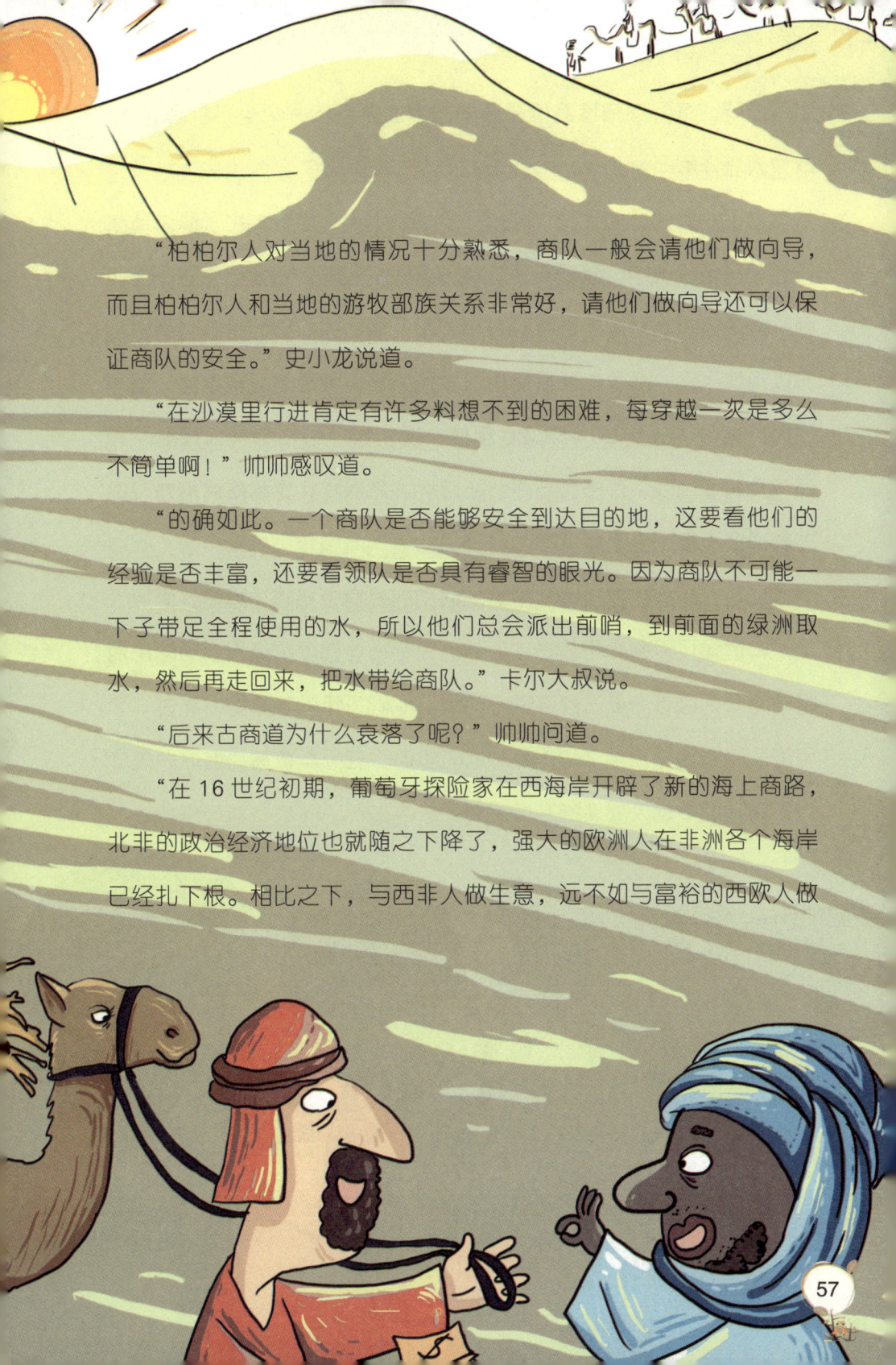

"柏柏尔人对当地的情况十分熟悉，商队一般会请他们做向导，而且柏柏尔人和当地的游牧部族关系非常好，请他们做向导还可以保证商队的安全。"史小龙说道。

　　"在沙漠里行进肯定有许多料想不到的困难，每穿越一次是多么不简单啊！"帅帅感叹道。

　　"的确如此。一个商队是否能够安全到达目的地，这要看他们的经验是否丰富，还要看领队是否具有睿智的眼光。因为商队不可能一下子带足全程使用的水，所以他们总会派出前哨，到前面的绿洲取水，然后再走回来，把水带给商队。"卡尔大叔说。

　　"后来古商道为什么衰落了呢？"帅帅问道。

　　"在16世纪初期，葡萄牙探险家在西海岸开辟了新的海上商路，北非的政治经济地位也就随之下降了，强大的欧洲人在非洲各个海岸已经扎下根。相比之下，与西非人做生意，远不如与富裕的西欧人做生意重要。这是穿越撒哈拉沙漠的古商道衰落的一个重要原因。"卡尔大叔这样解释。

过了一会儿，他又说："还有一个原因，16世纪发生了摩洛哥战争，在这场战争中，摩洛哥军队穿过撒哈拉沙漠，对廷巴克图、加奥等一些重要的贸易中心进行掠夺和侵略，他们大肆破坏建筑，屠杀和流放当地人民，战争的仇恨使得这些地方不再和摩洛哥做生意，贸易也因此减少了。到20世纪90年代，发生过'柏柏尔人大叛乱'和阿尔及利亚内战，许多贸易路线被破坏。就这样，穿越撒哈拉沙漠的古商道终于被完全阻断了。"

现在，在撒哈拉沙漠从事贸易活动的只有少量短途运输，而且改用卡车运输，将燃料和盐送往各地。只有一些图阿雷格人，现在仍用骆驼商队，沿着传统古商道进行贸易。他们每年骑着骆驼，经过6个月的长途跋涉，穿越2400多千米的沙漠，去贩卖食盐。但这只是个人行为，而不是大规模的商业贸易。

第十章

10

因网民少而落选的古城

廷巴克图是穿越撒哈拉沙漠古商道绕不开的地方。

廷巴克图，可译为"丁布各都"或"通布图"，具体位置在沙漠中心一个叫"尼日尔河之岸"的地方，处于尼日尔河河道和萨赫勒地区陆地通道的交会处，与尼日尔河相距7千米。由于特殊的地理位置，廷巴克图在古代就是一个交通要道和文化中心，是非洲游牧民族图阿雷格人于1087年创建的城市。

图阿雷格人是游牧民族，自古以来过着逐水草而居的游牧生活，赶着牛羊，用骆驼驮着帐篷和生活用品，常年在阿鲁万纳和尼日尔河沿岸之间往返。每逢旱季，图阿雷格人就会南下，来到尼日尔河沿岸的一口水井旁安营扎寨。雨季时他们要返回阿鲁万纳，于是在水井处留下一名叫布克图的老妇人，看守带不走的和多余的物品。后来，图阿雷格人每次南下，都说去"廷布克图"，意思是"去布克图所在的地方"。后来，老妇人去世了，这里成为一个小镇，名字仍叫"廷布克图"。以后又经演化，成为廷巴克图。那口布克图守护的水井至今依然保留着，成为廷巴克图的历史见证。

"那是不是可以说，廷巴克图很像丝绸之路上的楼兰？"秀芬问。

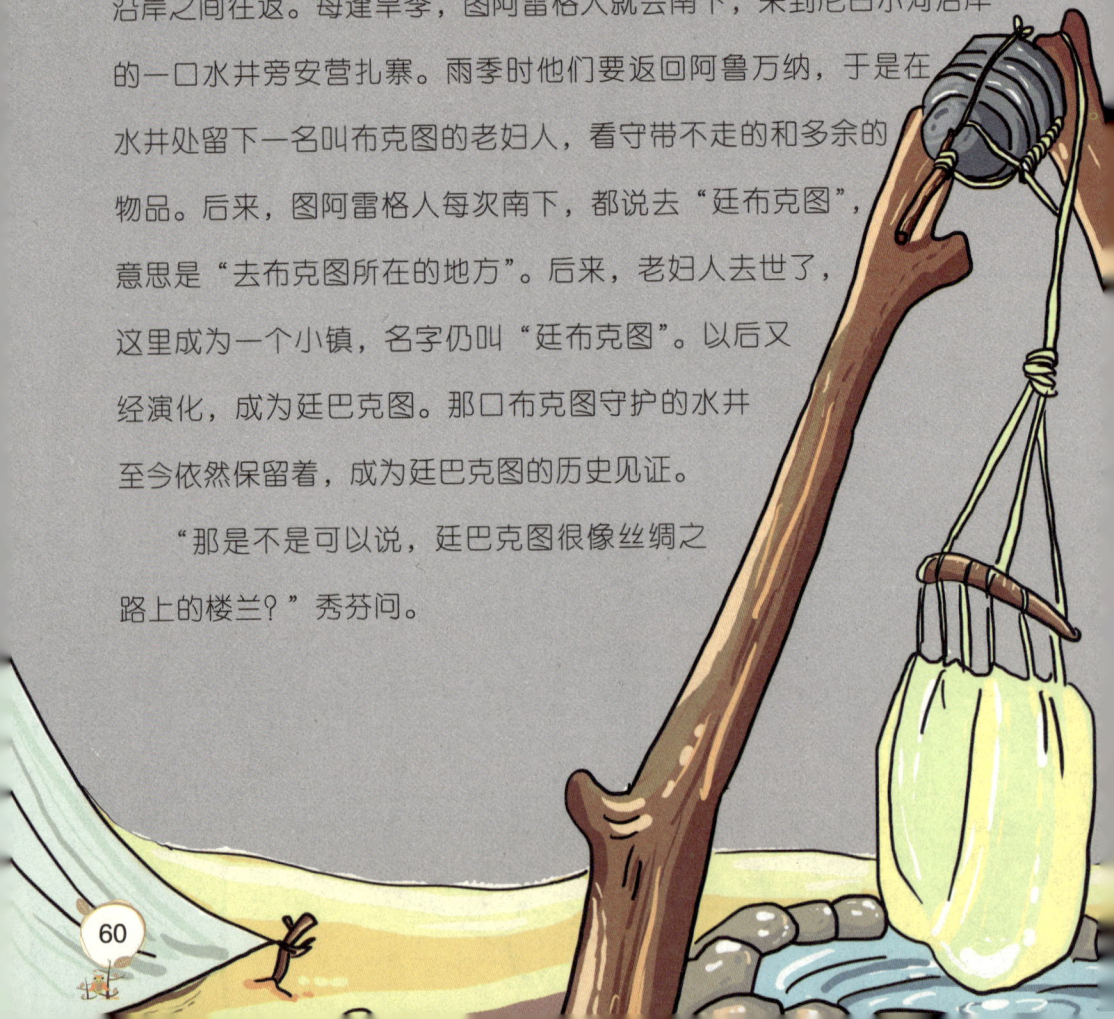

"当然，而且再合适不过了。廷巴克图是古代西非和北非的骆驼商队行商的必经之路，伊斯兰教文化也是经由那里向非洲传播的。它有着'苏丹的珍珠''大漠中的女王'的美誉，是马里历史最悠久的古城。此外，它还以具有伊斯兰建筑风格的清真寺被世人所知。著名的科兰尼克·桑科雷大学就在那里。"卡尔大叔说。

"桑科雷大学是历史上最早建立的几所大学之一，一定要好好见识一下。"尤丝小姐说。

"真想看看现在的廷巴克图是什么样子。"帅帅满怀期待地说。

几年前，瑞士一家民间历史文化机构举办了"世界新七大奇迹"评选活动。在决选环节，廷巴克图入围，消息一经传出，马里举国振奋，媒体、名人、文化团体纷纷呼吁国人为廷巴克图投票，重现马里的辉煌。当地电信公司 Ikatel 为此特意推出宣传短信，在距廷巴克图近 1500 千米的莫普提举行了声势浩大的造势集会。不过，天不遂人愿，最终廷巴克图落选了，非洲的名胜更是没有一个入列。这一消

息不但让马里举国激愤，邻国塞内加尔等也为其鸣不平，一位评论家愤愤地说："这不过是因为马里地方穷，没有多少人上网罢了！"

卡尔大叔说："其实曾历经繁华的廷巴克图，哪还用得上这些？津加里贝尔清真寺中的那座望楼至今仍然屹立不倒，桑科雷大学还依然保留着浓厚的学术气息，而那些城垣殿阙虽然补了又补却风采依旧。这一切都足以使这个伟大的梦幻之城，永远刻在人类文明的史册上了！"

几天后，卡尔大叔一行来到廷巴克图。

廷巴克图早已没有昔日的繁华与喧嚣。不过，还能看到古城垣，桑科雷大学和津加里贝尔大清真寺风采依然，除几条新修的马路外，街巷和市场的布局都没有太大变化。偶尔还会有几十匹驮着盐的骆驼到来，让人想起当年"梦幻都市"的风情。廷巴克图现有人口2万多，居民的住宅仍是木石结构，当地只有食品加工企业，还在远郊设立了航空站。

卡尔大叔一行向当地居民打听，当地的农副产品非常丰富，产自阿拉伯的树胶、柯拉果、畜产品和食用盐等商品一般都在这里周转。这里的游牧民族和一部分城市居民都以椰枣为主要食粮。

15 世纪至 16 世纪，廷巴克图有津加里贝尔、桑科尔和西迪·牙希亚三座雄伟的清真寺，成为这个地区的精神文化中心，伊斯兰文化从这里向非洲传播。因岁月的磨砺，风沙的侵蚀，廷巴克图越来越破旧，1990 年被列入世界濒危遗产名录。

"为了保护这些濒危的宝贵遗产，一项保护世界遗产的计划现在已经启动，其中就包括了修整加固津加里贝尔清真寺并改良与修建雨水排放系统。"当地居民对卡尔大叔一行说。

第十一章

神秘的史前岩画

今天卡尔大叔一行人的目的地是阿杰尔高原的塔西里，这里有世界上最大的史前岩画博物馆。

塔西里坐落在阿尔及利亚东南，也被认为是撒哈拉沙漠中部山脉的一部分，是阿尔及利亚著名的风景区之一。

阿杰尔山脉以陡峭的峡谷和巧夺天工般的绝壁，以及壮阔的撒哈拉大沙漠景观而誉满天下。

在阿杰尔高原上，有一片名叫塔西里的沙漠。在这片大漠的中心位置保留着 15000 多幅史前的岩画和雕刻作品，它们记录了撒哈拉这片神奇的土地曾经数千年间的气候变化、动物迁徙以及人类进化的过程。20 世纪 80 年代中期，塔西里地区的岩画和雕刻被联合国教科文组织列入了《世界遗产名录》。这里的壁画群正是卡尔大叔一行这次考察的重点之一。还未到塔西里，他们就谈论起岩画来。

"在 19 世纪 50 年代，德国探险家巴尔斯在考察撒哈拉沙漠时无意中发现了刻有鸵鸟、水牛以及各式各样的人物像的岩壁。20 世纪

30 年代，一支法国骑兵队在撒哈拉沙漠中部塔西里、恩阿哲尔高原发现了长达数千米的岩画群，这些岩画全绘制在受水侵蚀而形成的岩壁上，色彩丰富，雅致和谐，刻画的是远古人们生活的情景。

自此，撒哈拉受到世人的关注，前来考察的欧美考古学家络绎不绝。1956 年，亨利·罗特率领法国探险队来到撒哈拉沙漠，他们发现了近 10000 幅岩画。第二年，亨利·罗特回到巴黎，带回的是总面积约 108 平方米的岩画复制品及照片，引起了世界轰动。"帅帅讲道。

"撒哈拉沙漠形成于约 250 万年前，自从人类有文字起，'撒哈拉'一词就被冠以干旱、饥渴和死亡的意思。可见这批岩画的历史非常悠久。"秀芬说道。

"的确。从发掘出来的大量古文物来看，距今约 10000 年至 4000 年前，撒哈拉不是沙漠，而是草木茂盛的绿洲。当时有许

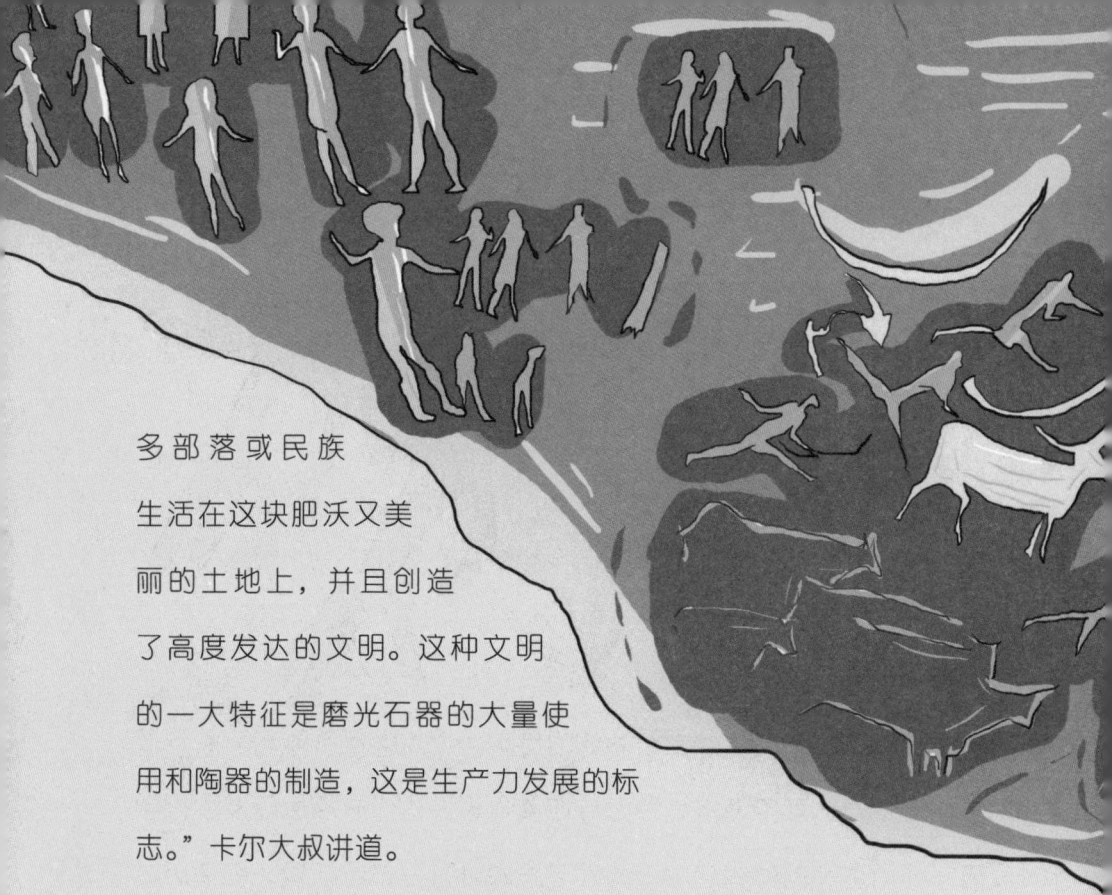

多部落或民族生活在这块肥沃又美丽的土地上，并且创造了高度发达的文明。这种文明的一大特征是磨光石器的大量使用和陶器的制造，这是生产力发展的标志。"卡尔大叔讲道。

面对岩画时，他们都非常震惊，包括卡尔大叔。

岩画群中动物形象丰富，姿态各异，各具特色。绘制的动物受惊后四蹄扬起、势若飞行、四处狂奔的紧张场面形象生动，创作技艺十分高超，堪比同时代的任何国家杰出的岩画艺术作品。

"由这些动物的岩画可以比较准确地推想出古代撒哈拉地区的自然面貌。瞧，这儿有划着独木舟捕猎河马的画面，说明撒哈拉曾经水系发达，有奔流不息的江河。"史小龙边看边推测着。

"卡尔大叔，为什么经过几千年的风吹日晒这些岩画的颜色还这么鲜艳啊？"秀芬问道。

"因为绘制它们时所使用的颜料，是由各种各样的带有不同颜色的岩石和泥土特制而成，如红色的氧化铁、绿色或蓝色的贝岩

等。当时的人们把由这些岩石磨成的粉末加上水调制成颜料。颜料被绘于岩壁上后，其中的水分会充分地渗入岩壁内，并与岩壁发生化学反应，经历漫长的时间之后，两者最后会融为一体。所以，即使历经了几千年，它们的颜色却依然鲜艳夺目。"

岩画的内容多是强壮的武士，他们看上去威武凛然，或手持长矛，或拿着圆盾，或乘坐战车，仿佛在迅猛飞驰。在其他壁画人像中，有的身缠腰布，头戴小帽；有的没拿武器，仿佛在敲击乐器；有的像是在贡献物品，祈盼"天神"降临；有些人则翩翩起舞。

由岩画内容可以看出，舞蹈、狩猎、祭祀和宗教信仰是当时人们生活和风俗习惯的主要内容。极可能存在这样一种情况：当时的人们在战斗、舞蹈或祭祀前后，习惯在岩壁上作画，借以表达他们当时的心情。

"岩画上有很多手印、脚印和稀奇古怪的图印，其中手印最多，形状奇特！"帅帅说。

"是很神秘，目前还没有人能解读出其中的含义。"卡尔大叔说道，"关于这些手印，一些人推测，它们是当时的撒哈拉人用工具把颜料吹在手上，然后用手在石头上绘制的。瞧，岩画群中还有两种特殊的文字，它们是没有表示母音的符号，尽管可以读出来，却极难理解其意思。这两种文字可以任意自由地书写，即笔耕式的书写法。"

"这两种文字出现的时间谁先谁后啊？"秀芬问道。

"一般认为，前者约出现在公元前 2 世纪之前，在罗马时代的全盛时期通用，在很多撒哈拉的碑文上都出现过，和骆驼被带到撒哈拉的时间差不多。后者出现在前者之后，是古代拉费那固文字的简化体。"卡尔大叔说道，"关于撒哈拉岩画绘制的时间，有人认为，它们绘制于近万年前的新石器时代。甚至有人推测是更早的中石器时代。这些早期岩画有着一个较为突出的共同特点，即水牛是这些岩画上面'出镜率'最高的'明星'，因此人们又称这个时期为'史前水牛时期'。水牛的出现，证

明当时的撒哈拉气候湿润，水系丰富。当然，壁画的内容也包括当时的其他动物，如犀牛、鸵鸟、野驴、狮子、大象、河马、羚羊等。"

"呵呵，对啊，岩画上的动物出现的时间也是有先后的，从水牛到鸵鸟、大象、羚羊、长颈鹿等草原动物，这些动物出现的先后顺序，说明撒哈拉地区气候变得越来越干旱了。"史小龙说。

"呵呵，小龙说得对！大约6000多年前，各种动植物在撒哈拉繁殖起来。而距今约4000年至3000年前，撒哈拉还不是沙漠，而是草原和湖泊。只是公元前200年至公元300年左右，因气候变化，昔日的大草原才变成了沙漠。"尤丝小姐说。

第十二章

天外来客留下的遗迹

这一天，卡尔大叔一行人走在沙漠上。他们迈步朝目的地前进，每个人都表现出超强的耐力。

"我们在这里休息一下，吃些东西，喝足水，然后一股劲冲到绿洲去。"卡尔大叔说道。

"穿行沙漠可比军训累多了。"史小龙说道。

"是啊！"秀芬附和着。

"呵呵，你们都是好样的！"尤丝小姐夸奖着三个孩子。接着，尤丝小姐问："你们现在还有力气吗？""有！"他们回答的声音很洪亮。

"好！我们来比赛吧，看谁一口气走得最远。有没有勇气啊？"尤丝小姐又问。

每个人都开始整理背包和鞋子，那种认真的样子就像是要去参加大型比赛。

"我也要加入。"卡尔大叔说。

"行！我提议，我们在沙漠行走，只是锻炼毅力，所以我们的比赛，不比速度，只比谁坚持的时间长。"尤丝小姐补充说。

就这样，三个孩子走着，跳着，蹦着，卡尔大叔和尤丝小姐争相往前走，沙漠的上空回荡着他们的欢声笑语。

忽然，走在前面的史小龙"啊"地叫了一声，然后不见了踪影。大家赶紧冲上去，只见史小龙掉进了一个面积很大但不很深的坑里，坑的边上有碎石，中间是细沙。

"还好不是陷阱或无底洞什么的，这只是个坑。"史小龙朝上面的人挥挥手，示意自己没事。

卡尔大叔说："孩子们，这可是难得一见的陨石坑啊！"

"陨石坑是怎么回事啊？"秀芬问。

"宇宙中的天然固态物体落到地面上就是陨石。陨石下落时速度极快，与空气摩擦生成高热，发生燃烧，未燃烧完的天然固态物体会撞击地面，形成环形凹坑。"尤丝小姐回答说。

"这就是陨石坑啊！我说这里怎么会无缘无故有个大坑呢！"史小龙说道，"那得好好研究研究了。"说着，他开始很认真地用两脚丈量起坑的宽度和长度，看看边上的石头与其他地方的有什么不同。尤丝小姐开始给陨石坑拍照。秀芬也加入了研究的行列，这儿看看，那儿瞧瞧，看看会不会有什么大发现。

一番研究后，史小龙、秀芬、帅帅和尤丝小姐来到卡尔大叔的身旁。

卡尔大叔讲解道："据估计，这个陨石坑是数千年前陨石撞击地球时留下的，可能是迄今为止保存最完好的陨石坑之一。它的最宽处有 45 米，最深处有 16 米。关于这个陨石坑较为不寻常的一点是，它至今保留着原始的面貌，而这是在大气稀薄的其他星球上常见的现象。一般情况下，在地球上，陨石坑会随着自然变迁而逐渐受到侵蚀或直接被掩埋。"

"哦，也就是说，我可以这样理解，我们今天能见到这个陨石坑是非常幸运的！"史小龙说道。

"呵呵，没错，孩子们，我们都是幸运的，这可是一个不寻常的现象呢！"卡尔大叔笑着说道。

"我要拍些照，回去给我的同学们看看。"秀芬说。

"作为团队中，不包括卡尔大叔，第一个发现这个陨石坑的人，我似乎更有资格炫耀一番吧！"说罢，史小龙也照起相来。

一阵"咔咔"声后，卡尔大叔召集大家继续赶路。一路上，他们五人还在聊着陨石坑。

著名的陨石坑

我国发现的第一个陨石坑就是海南白沙陨石坑。它静静地躺在白沙黎族自治县县城东面的白沙农场境内，距县城6千米。坑直径约为3.7千米。据估计，可能是距今70万年前一颗小行星撞击地球的产物。这个陨石坑保存得相当完好，对我们研究远古环境的变迁及远古生物的演化都具有重要意义。

法国西南部也有两个陨石坑，坑直径都为200千米至300千米，彼此之间相距约140千米。这两个陨石坑可能是同一颗小行星在2亿年前撞击地球而产生的。这颗小行星可能是有记录的撞击地球的最大的小行星。

13

第十三章

闪电熔岩内藏奥秘

"你们看，这种奇奇怪怪的长条岩石是什么？它的内部还有大量由玻璃状物质构成的管道和气泡。"这几天来的探险历程让帅帅意识到，哪怕是看起来极其普通的东西可能都藏着不为人知的秘密。

"噢，这个是闪电熔岩，也叫'石化闪电'。"卡尔大叔笑着说道，"闪电熔岩是一种自然现象，沙土和岩石在被闪电击中之后，在高能量作用下凝结成玻璃柱形状的岩石块，这就是闪电熔岩的来源。"

"这闪电熔岩好漂亮啊，看着像宝石一样。"秀芬说道。

"是的。其实闪电熔岩是一种自然现象，之所以这样晶莹剔透，是因为它含有一种叫作焦石英的物质。"卡尔大叔说。

史小龙说："焦石英就是发光的玻璃，看来闪电熔岩能制造玻璃啊。"

"是的。也许人类制造玻璃就是从大自然中得到的启示呢。"秀芬说。

"科学家们经过研究发现，每年地球上会出

现将近 1600 万次的雷雨现象，而大多数雷雨天气都会有闪电出现。闪电熔岩的形成必须具备一定的天气和地理条件。不过，这种现象并不罕见，世界各地都发现过闪电熔岩，它们中的许多都散落在地表，还有一些则被埋藏在地下。"尤丝小姐说道，"2010 年，在河北邯郸也发现过闪电熔岩。这些闪电熔岩的成分包括二氧化硅以及多种金属的氧化物，其中二氧化硅占到 60% 以上。"

2009 年，墨西哥的科学家到撒哈拉沙漠采集一些闪电熔岩的样本，通过对密封在熔岩中的空气的研究，科学家对这些地区远古时期的气候和植被的特征都有一定了解。他们采集到的闪电熔岩样本是闪电击中土壤之后形成的，形成时间大约在 1.5 万年以前。他们对熔岩中的气体进行分析，发现这些气体是一些有机物在闪电效应下氧化形成的。

"这是不是说当时的撒哈拉的有机物还是十分丰富的呢？"史小龙问道。

"是的。这也验证了撒哈拉曾经是森林和草原覆盖的半干旱气候区的说法，人们对远古时期的撒哈拉有了更多的认识。"卡尔大叔说。

"我们在岩画中并没有见到骆驼，骆驼是什么时候进入撒哈拉沙漠的呢？"秀芬问道。

"骆驼最早出现在北美洲。一般认为现代骆驼的祖先生活在4500万年前的北美洲，约于公元前2000年，单峰骆驼逐渐迁往撒哈拉沙漠地区生活，但是在公元前900年左右又再次消失于撒哈拉沙漠。它们大多是被人类捕猎的。后来埃及入侵波斯时，被驯养的单峰骆驼开始进入波斯地区。从这以后，被驯养的单峰骆驼在北非被广泛使用。到罗马帝国兴盛时期，罗马帝国仍然用骆驼带着士兵在沙漠边缘巡逻。可是，单峰骆驼并不适合用来穿越撒哈拉沙漠。公元 4 世纪时，耐力更强的双峰骆驼开始传入北非，越来越多的人开始使用双峰骆驼作为脚力。双峰骆驼的耐力更强，适合长途旅行，力气也大得惊人，能驮运大量的货物。也就是到了这个时期，穿越撒哈拉沙漠的贸易才得以盛行。"卡尔大叔说。

沙漠之舟——骆驼

　　骆驼生来就适合于沙漠的生活。它的睫毛长而浓密，鼻子可以自由开合，能够用耳叶遮住耳朵。每当遇到沙暴天气，骆驼就会跪下来，用睫毛遮住眼睛，也将鼻子和耳朵封闭起来，避免受到风沙的伤害。风沙过去，骆驼抖抖身子就可以继续上路了，它宽大的脚掌使它不容易陷入沙子里。由于长期在沙漠里生活，骆驼对风沙极为敏感，每当风沙即将来临时，它就会跪下来，这样它的主人就知道风沙要来了，就能事先做好准备，躲避危险。

第十四章

隆美尔的宝藏

撒哈拉是一片荒芜之地，但也是兵家必争之地。二战期间，同盟国和轴心国就在这里进行了殊死搏斗。

秀芬对这段历史非常感兴趣，但是她知道的并不多，所以只好请教卡尔大叔。

"卡尔大叔，我记得二战期间这里有一位叫'沙漠之狐'的——二战时德国陆军元帅隆美尔，一个元帅怎么会有这种称号？"秀芬问。

"这就要从1941年隆美尔受希特勒之命，成为德国驻非洲军团军长说起了。隆美尔是个天才战略战术家，尽管作为纳粹军人，他饱受人们的批评，但他的战略和战术却得到众多军事家的赞扬。在当时的北非战场，德军的实力远远不如英军，光是英军的坦克装甲等重型武器就是德军的5倍。德军在隆美尔的指挥下，不与英军正面冲突，而采用迂回包抄战术，以弱胜强，给予英军毁灭性的打击。在北非战场上，德国人节节胜利，这种胜利一直持续到1942年的秋天。正是因为隆美尔的指

挥，德军才取得如此战果，而隆美尔也得到'沙漠之狐'的称誉。"卡尔大叔答道。

"德国在北非的扩张，也给他们带来了巨大的财富。隆美尔是个出色的战略战术家，同时也是掠夺财富的高手。隆美尔在北非期间，为纳粹搜集了大量的财富。这些财富或者是从英军手中抢来，或者是从当地土著人手里夺来。总之，他搜集了90多箱财宝，包括大量的黄金、各种珍奇古玩以及大批的金刚钻、红宝石、蓝宝石等。总的来说，这些东西价值连城。"尤丝小姐补充道。

"这件事情我也知道，我看书上说隆美尔好像把这批宝藏埋在某个秘密的地方了，或许就在撒哈拉沙漠中的某个地方。"史小龙说。

卡尔大叔说："凡是涉及金银财宝的故事，人们都喜欢听，也喜欢猜测。关于隆美尔所藏的宝藏，说法很多，最出名的有两种。第一种说法：1942年前夕，隆美尔预料德国将会失败，便秘密调集一支摩托快艇部队，把这笔财宝装进快艇中，准备经过突尼斯，转移到地中海，再运往意大利某个地方埋藏起来。一天晚上，快艇部队行动了，一切都很顺利。可天快亮时，英国空军发现了这支快艇部队，便派遣军队前往拦截。当德军快艇部队接近科西嘉岛时，英军动手了。德军快艇部队不敌，绝望之际请示隆美尔，隆美尔下令将快艇炸沉。战争结束以后，各国都派人到科西嘉岛附近进行打捞，希望能够找到那批宝藏，但都一无所获。

"到底是因为沉船位置不在科西嘉岛还是隆美尔根本没有炸沉快艇？或者说快艇上根本就没有财宝？

这事情谁也说不清楚。

"第二种说法：隆美尔没有用快艇运走财宝。这批财宝被他藏在撒哈拉沙漠中一个小镇的附近。这个小镇的附近遍布着形状大致相似的巨大沙丘，这些财宝就藏在某个沙丘的下面。1942 年，英美联军在北非登陆，开始兵分两路夹击德意联军，前锋军队迅速逼近突尼斯城。1943 年 3 月 8 日，隆美尔发现英军已经控制了海空，财宝已经无法由海路运走，于是他决定在当地埋藏财宝。他下令将财宝装上 15 辆卡车，先将财宝运送到杜兹小镇，再换骆驼，将财宝运往沙漠深处埋藏。但负责掩埋财宝的小分队在回归途中遭到英军的伏击，全部丧生。从此，这批宝藏也就下落不明了。

"当然，这些说法都是传说，不知道是真是假。有人曾经指出，所谓的隆美尔宝藏是虚假的，因为隆美尔可以在战争早期就将宝藏运走，不必等到英国人打上门来再作打算。作为一位天才军事家，隆美尔不可能愚蠢到这个地步。"

　　秀芬说："我情愿相信宝藏的存在，并且相信它就在撒哈拉沙漠。"

　　夜色越来越浓了，神秘的撒哈拉沙漠因隆美尔宝藏的故事而愈发具有神秘感。

第十五章

消失的加拉曼特王国

今天，卡尔大叔一行人来到加拉曼特王国遗址。

考古学家通过卫星图像，在利比亚西南部的撒哈拉沙漠中发现加拉曼特王国的一些新遗址。这些遗址位于地理环境恶劣的沙漠深处。根据调查结果显示，这里原本有100多个小农场，还有城堡围起来的村庄以及几个小城镇。通过考察，表明这里曾经人口密集，农业发达。这也印证了撒哈拉的气候环境变迁的观点。

加拉曼特的历史，就是一部跨越撒哈拉沙漠进行奴隶贸易的历史。这个民族最早出现在公元前5世纪。根据历史学家希罗多德的记载，加拉曼特人生活在北非地区，人口众多，农业和畜牧业发达。

加拉曼特人个个能征善战，经常外出游牧。他们还乘着马车四处抓捕弱小部族的人来做奴隶。

加拉曼特的农业和建筑业也较发达。同时，加拉曼特人又是一群擅长经商的人，在加拉曼特王国最兴盛的时期，拥有 8 座巨大的城市，并且控制着周边的许多小部落。

　　"加拉曼特王国是如何衰落的？"秀芬问道。

　　"因为他们无限度地开采地下水。"卡尔大叔回答说，"任何一个沙漠国家都依赖水源，加拉曼特王国也一样，他们拥有一套名叫'化石水'的供水系统，该供水系统拥有一套地下沟渠，收集远处的地下泉水，并送到城市里来，使用很方便。水源奠定了加拉曼特王国的繁荣，为王国的人口扩张和对外征服提供了物质基础。

　　"随着人口增加、城市化的扩大和对外征服的节节胜利，加拉曼特人首先面临供水不足的问题。此时，加拉曼特王国的生活水平已远远高于当时的其他国家，加拉曼特人享受着当地出产的水果和粮食，以及各种进口的葡萄酒、橄榄油等物品。但随着供水系统的扩张，地下水也开始逐渐枯竭了。

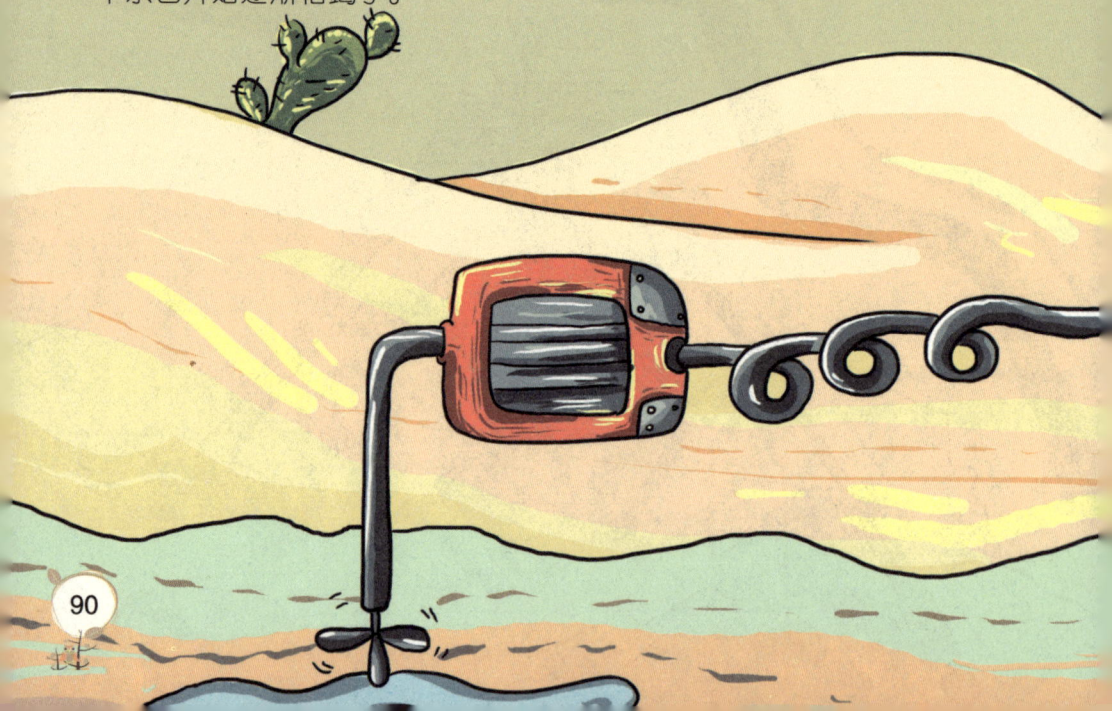

"在六百年当中，加拉曼特王国至少开采了 300 亿加仑（1.14×10^8 立方米）的水。公元 4 世纪时，加拉曼特人终于发现一向依赖的地下水，并不是取之不竭，用之不尽的。为此，他们不得不在原有的地下沟渠中再修建许多分支岔道，这就需要更多的奴隶来劳作。由于奴隶的数量增多，粮食和饮用水也要增加，使水源更加紧张，农作物因得不到充分的灌溉，开始减产。到最后，连日常饮用水都成问题了。加拉曼特王国人口开始锐减，政治动荡，导致这个国家最终衰落并分裂成几个小部落，最后被吸收进新兴的伊斯兰世界中去了。而在今天，即便是在北非，人们也忘记了这个国家曾经存在过，当地人甚至以为那些巨大的引水工程，是古罗马人遗留下来的。"

　　"一个可悲的王国！"尤丝小姐说道，"可惜全球还有很多地方在上演这种透支自然资源的悲剧。"

　　"消失后被人遗忘的国家并不少见，诸如亚特兰蒂斯、特洛伊、庞贝古城、玛雅

帝国、楼兰古国等，都是兴盛一时之后消失的国家。消失的原因很复杂，一时也说不清楚。比如楼兰的消失，就有六种说法。"卡尔大叔说，"无论哪一种，留给我们的都不应该只是答案。"

"楼兰国消失的原因我知道三个：一是楼兰国因战败而消失，在公元 5 世纪后期，楼兰国逐渐衰弱，北方匈奴开始入侵，楼兰城被攻破之后就遭遗弃了；二是说楼兰因干旱缺水而衰败，楼兰上游的河水干涸，无法获得水源，只好迁徙离开；三是说楼兰国的灭亡是因丝绸之路的改道，因丝绸之路改道，不必再绕道楼兰，失去商业支持，楼兰国便衰败了。"帅帅说出了他所知道的。

"另外三种是什么呢？"秀芬问。

史小龙说："另外三种说法我知道。一是楼兰国的消失与罗布泊沙漠的迁移有关。罗布泊沙漠并不是固定的，楼兰国就是在罗布泊移动过程中被掩埋的。二是楼兰国亡于瘟疫。据说，一场从外国传入的瘟疫，夺走了楼兰国大部分人的生命，幸存的人为躲避灾难，只好逃走了。三是楼兰被昆虫入侵。一种来自两河流域的蝼蛄昆虫来到这里，由于这里没有它们的天敌，它们便迅速繁殖起来。这种昆虫成群结队地跑到人家里，人们无法将它们完全消灭，最终只好弃城而去。"

亚特兰蒂斯

亚特兰蒂斯是柏拉图在《对话录》中提到的一个国家，书中描述的亚特兰蒂斯是一个极其富有的帝国，有华丽的宫殿和高大的神庙。亚特兰蒂斯人心地善良，也很聪明，他们凭自己的智慧和勤劳，过上了无忧无虑的生活。后来，亚特兰蒂斯人越来越不满足目前的生活，开始产生征服世界的野心。于是，他们想方设法侵略其他国家，在一次次的征服中获得快感。同时，随着胜利的喜悦无限蔓延，他们的自负感也逐渐蔓延，生活也变得腐化，道德开始慢慢沦丧……他们的暴行终于激怒了神灵，神灵决定惩罚他们，一场海啸吞没了亚特兰蒂斯。后世的考古学家、科学家们对这个消失的国家很感兴趣，但一直没有具体的证据来证明这个国家是沉入海底，还是被沙漠吞没。

沙漠动物的生存之道

沙漠的生态环境恶劣，缺少水，没有植被，食物缺乏。照理说，应该是一个不毛之地，但卡尔大叔一行人，却在途中发现了许多动物。

　　在沙漠中生存的人们都靠近绿洲，那里植被比较多，适宜人类居住和繁衍。然而动物则不一样，它们遍布在整个沙漠之中。有人做了专门的统计后发现，目前撒哈拉沙漠大约有60多种哺乳动物、90多种鸟类和30多种爬行动物，以及数量庞大的无脊椎动物。

　　动物终年生活在毫无荫蔽的沙漠之中，沙漠里年均降雨量只有约20毫升，而地面温度却常常高达70℃，并且经常会出现连续几年不下雨的情况。我们不得不叹服这些动物顽强的生命力。

沙漠里的很多动物白天都躲在洞穴内，当夜幕降临时，它们才从洞穴中出来，开始繁忙的活动。蝎子、蜥蜴、骆驼等都能耐高温。蜥蜴能够在体温46℃时正常活动，而这样的体温对于别的动物来说就意味着死亡。

　　下面，我们来看看不耐热的动物是如何在沙漠中躲避炎热的吧！

　　卡尔大叔他们发现沙漠里的蜘蛛为抵挡热气，会在沙丘中给自己建造"保护井"。这种井直径约2.5厘米，深40厘米左右。井造好后，蜘蛛还会在井口织上一层细密的网，这样蜘蛛就可以安心地待在里面避暑，等待夜晚降临了。有趣的是这种蜘蛛网既是保护网又是陷阱，可作为捕食的工具。

　　角蝰蛇是沙漠里的"老住户"，也有一套纳凉的本领。它先是迅速地左右摆动尾巴，进而全身也左右摇摆起来，再看它就消失不见了。原来它躲到沙土中去了！不过，潜伏在沙土中的角蝰蛇，也不是单纯地隐藏起来，它还有一只或二只眼睛露出地面，这是它的"潜望镜"，能随时观察地上的动静，可以发现天敌，也可以发现猎物。角

蝮蛇的眼睛上面有一层透明的鳞片，可以保护眼睛不受沙粒的伤害，也可以用来推开沙子。生命就是如此奇妙。

蝎子、蚂蚁等动物，外壳上有一层能够反光的蜡质，可以把反射阳光，这样能避免太阳光的热度所造成的伤害。

在沙漠中生活的动物对氧气的需求量比生活在其他地方的动物更大，加快呼吸速度，也是散热的一种好办法。

蜥蜴类动物长着一种叫作"盐腺"的器官，这些盐腺使它们可以

通过鼻孔将食用的植物中多余的盐分排出去。在没有植物可吃的情况下，这些动物就待在洞里，不吃不喝，可以坚持一年之久。

对于爬行类动物来说，睡眠是它们在寒冷的冬季节省热量的好办法。巨蜥就以这种方式在撒哈拉沙漠中生存了下来，在冬天里，它们要"睡"上四个多月。

尽管生活在干燥炎热的环境之中，但爬行动物的脱水现象并不严

重，它们几乎不喝水，仅仅靠食物中含有的微量水分存活。

　　大部分生活在沙漠中的动物都是天然的伪装高手，它们皮毛的颜色一般近似于淡淡的沙土色，这是它们天然的伪装，而且许多动物的皮毛都是相当好的隔热材料。单峰骆驼的毛有近 10 厘米厚，当其毛表面温度达到约 70℃时，毛下面的皮肤温度只有近 40℃。

　　驴和骆驼是适应沙漠生活的佼佼者，它们可以在烈日下不吃不喝，连续走上 6 天。虽然掉膘掉得很厉害，体重会减轻三分之一，但只要给它们一些水喝，几分钟后它们又会充满活力。驴能在 5 分钟左右的时间内饮下大约 27 升的水，能够一次性饮用相当于自身体重 70% 的水，这种本领足以证明它们适应沙漠的生存能力。骆驼能忍

受严重的脱水，在体重骤减 30% 的情况下，它们依旧能够生存。而极度脱水的骆驼能够分次饮下将近 200 升的水。它们喝水和耐旱的能力都让人惊叹。

在撒哈拉生活的人也已适应那里的环境，他们的体温都维持在 38℃ 左右，这样的体温相比其他地区的人来说是高很多的。撒哈拉的居民大多比较消瘦，但他们精力充沛。

"环境总会塑造一切，如果说大自然给了撒哈拉如此恶劣的环境，那么它同样会赐予生活在这里的人们以对抗恶劣环境的能力，这就是大自然的公平之处。"卡尔大叔说。

秀芬见到撒哈拉沙漠里的沙漠狐后，非常喜欢，就缠着卡尔大叔讲些关于沙漠狐的事。

卡尔大叔说道："沙漠狐是所有狐类中最小的一种，但是它们的耳朵却异乎寻常的大，竟然长约 15 厘米呢。因此，沙漠狐又被人们称为耳廓狐、大耳狐。事实上，沙漠狐的一双大耳朵很有用处，因其表面积大，所以具有类似散热器的功能。这双大耳朵还相当灵敏，具有分辨声波的能力，利于捕食动物或躲避天敌。

　　沙漠狐主要以昆虫为食，蝗虫、白蚁等都是它最爱吃的食物。它还吃一些啮齿类动物、鸟类和各种卵蛋，偶尔也吃水果。沙漠狐一般在晚上出来寻找食物。沙漠狐的样子十分可爱，很招人喜欢，正因为这样，也给它们招来了杀身之祸。目前它们已被列为国际濒危保护动物了。"

遍布清澈湖水的沙漠

南美洲的巴西有一片沙漠，位于巴西东北部的马拉尼昂州境内，现在已开辟为拉克依斯马拉赫塞斯国家公园，占地面积约 1500 平方千米。公园里面遍布着白色的沙丘和深蓝色的湖水，它的美丽堪称世界一绝。这里的年降水量可达 1600 毫米，当雨季来临，雨水注满沙丘间那些坑洼之地后，就会形成清澈的湖，故名蓝湖。而到了干旱季节，湖水完全蒸发掉之后，就又变回了沙漠。

第十七章

美丽的沙漠
玫瑰

在穿越撒哈拉沙漠的旅程中，卡尔大叔一行人在北非的阿尔及利亚、突尼斯和摩洛哥等地发现有"沙漠玫瑰"出售。这是一种红褐色的岩石，造型奇特，通体好似用花瓣堆砌而成。"花瓣"薄而圆，很有层次感，犹如一朵盛开的玫瑰花。大的直径约半米，如葵盘大小；小的类似核桃形状，"花朵"同样明艳。如此奇妙的岩石激发了他们深入探究一番的欲望。

"在沙漠之中还有一种植物也叫沙漠玫瑰，在东非肯尼亚的西北部沙漠地带就能看见它。在翠绿的叶片掩映下，一朵红花赫然绽放于枝顶或叶腋间，花朵硕大而艳丽，犹如一团燃烧着的火焰。这些高约1米的美丽植物，为沙漠增添了一抹灿烂的霞光，因此当地人称它为沙漠玫瑰。我国的一些植物园中也有这种植物，人们也称它为沙漠玫瑰或天宝花。"尤丝小姐讲解道。

"在西亚的也门和以色列，也生长着一种叫作沙漠玫瑰的植物。它是一种矮小的野草，喜好高温干燥和阳光充足的环境，扔到哪里就生长在哪里。夏季会开出一朵朵娇艳的小红花，颇有孤芳自赏之意，也给荒凉的沙漠带来了生机。"卡尔大叔说。

　　"沙漠玫瑰"是一种天然孕育出的石之精魄，具有非常高的收藏价值和观赏价值，还具有净化水质和空气的功效。摊贩说这种沙石出自撒哈拉沙漠深处，因为它的形状很像一朵娇艳欲滴的玫瑰，因此被当地人称为"沙漠玫瑰"。

　　关于"沙漠玫瑰"的生成有几种说法。古人认为这种石头是天降宝物，是天上神仙的雕刻作品；有人认为它是一种沙漠植物的化石。这些猜测缺少必要的科学依据，因此并没有得到科学界的认可。还有人说，沙漠玫瑰是由撒哈拉沙漠中盛产的硅酸盐或磷酸盐形成的，这种说法同样缺乏依据。

卡尔大叔说："'沙漠玫瑰'是由火山岩浆冷却后经历了长时间的自然变迁和日晒风蚀后形成的，也有的是由石英砂经过千万年凝结而成的。它是一种石膏的结晶体，每一片都类似圆形，中间厚边缘薄，当一片片相互交叠在一起时，与玫瑰那簇拥着的花瓣极为相似。在它形成的过程中，还有一些晶莹的沙砾会不时地融入其中，使它变得很光亮，并且具有独特的绛褐色。'沙漠玫瑰'有的时候裸露在地表，有的时候也会被不断移动的砂石掩埋于地下。由于它硬度低，易破损，基本上没有什么实用价值。不过，因其异常美丽娇艳，倒是一种难得的观赏石。

"撒哈拉沙漠地域辽阔，人烟稀少，除阿拉伯人之外，还有柏柏尔人、图阿雷格人和图布人等，不过数量都不多。是哪个民族最先发现'沙漠玫瑰'的，历史上并没有明确记载。不过，一谈起'沙漠玫瑰'，常被人们谈到的是图阿雷格人。"

"图阿雷格人和阿拉伯人有什么不同？"史小龙问道。

"图阿雷格人分布在阿尔及利亚、利比亚、马里和尼日尔等地，人口近百万。图阿雷格人的习俗与阿拉伯人不同：戴面纱的不是女性，而是男性。这种习俗与地处沙漠有关。女性在帐篷里做家务，不易受到风沙侵袭，不需要把面部包裹起来。男性在旷野放牧，或赶骆驼运送货物，常年风吹日晒，需要把身体严严实实地包裹起来，这当然包括他们的头部。图阿雷格男人一般都是身着长袍、头裹面纱的形象。他们的面纱是裹上去的，里里外外要包上好几层，只露出两只眼睛，甚至吃饭和睡觉时也不摘下来。他们的长袍和面纱大多是蓝色的，长年累月的汗水浸湿，使得他们的皮肤多呈现或深或浅的蓝色。所以，也有人称他们为'蓝人'。"卡尔大叔回答道。

据说，"沙漠玫瑰"就是图阿雷格人采集之后，运到北方各地销售的。他们把"沙漠玫瑰"分成不同档次进行出售，一般分为大瓣和小瓣两种。大瓣质量较好，似莲花状，里面嵌有晶莹剔透的沙砾，如同一颗颗美丽的珍珠一般，深受人们喜爱。小瓣显得精致，常被人们选作旅游纪念品。以前，图阿雷格人大多是自采自售。现在他们在当地设立公司，雇人开采，再进行一些加工，然后卖出去。在地中海南岸的各大城市，旅游景区的摊点和繁华大街上的商店都有"沙漠玫瑰"出售。当然，不同档次的"沙漠玫瑰"价格大不相同。质量好、形状好看的，可以卖到几百第纳尔（两个第纳尔约折合一元人民币），质量差、形状不太好看的，一两个第纳尔就可以买上一堆。

图阿雷格人既做"沙漠玫瑰"的生意，同时也对"沙漠玫瑰"怀着崇高的敬意。他们是游牧民族，流动性很大，择偶不易。所以，他们形成一种习俗：青年男女通过舞会来寻找对象。每年，部族的首领会出面组织一次盛大的舞会。傍晚时分，燃起篝火，青年男女围着篝火跳起舞来，在歌声舞影中找寻自己的意中人。舞会结束后，情投意合的男女就在朦胧的夜色下到大漠中散步，相互诉说衷情。他们一边说话，一边留心脚下，发现闪光的沙石就拣起来。拣到一定数量就坐下来，各自挑选出最美观、最坚硬的互赠。色泽红润且又坚硬的"沙漠玫瑰"，成为了爱情如火和忠贞不渝的象征。在图阿雷格人眼中，"沙漠玫瑰"是定情的信物。

然而，"沙漠玫瑰"并非是撒哈拉沙漠独有的，在美国和墨西哥的沙漠地区也有分布，在我国新疆、甘肃和内蒙古的沙漠中也时有发现。不过，最著名、最受推崇的还是撒哈拉的"沙漠玫瑰"。

一位阿尔及利亚诗人曾将阿尔及利亚女英雄加米拉比作"沙漠玫瑰"。20 世纪 60 年代，为了摆脱法国的殖民统治，争取民族独立，阿尔及利亚各族人民不断进行武装斗争。年轻的加米拉加入了斗争。然而不幸的是，她遭到法国殖民军逮捕。加米拉怀着对祖国的一片赤诚之心，坚强不屈，最终惨死在敌人的屠刀之下。在阿尔及利亚诗人的笔下，加米拉就是一朵盛开的"沙漠玫瑰"，坚强而忠诚。

突尼斯独立以后，经济一直快速发展，人民生活水平不断提高。突尼斯人为自己的祖国感到骄傲，他们自豪地将自己的国家比作"永不衰败的沙漠玫瑰"。

在北非各国，许多旅店、客栈、商队，甚至妇女组织都有以"沙漠玫瑰"命名的。

第十八章

撒哈拉资源大网络

经过几天的旅行，卡尔大叔一行人已把撒哈拉的主要景点都逛完了。回到摩洛哥的一家小旅馆里，卡尔大叔又开始讲起了撒哈拉沙漠的开发问题。

　　"在一百多年前的殖民统治时期，殖民者对这片荒芜之地的经济发展兴趣并不大，那时的殖民者大多只是为了掠夺各个部落的金银财宝罢了。但随着近代工业发展对石油的依赖，寻找石油资源，是西方财团的首要任务。在第二次世界大战后，石油在撒哈拉沙漠很多地区都有发现，如埃及西部沙漠区、阿尔及利亚、利比亚和摩洛哥，均发现储量丰富的石油，引起世界强国的重视，一些国际投资商都到这里投资。这里还有储量丰富的金属矿藏，也引起西方国家的垂涎。

　　"摩洛哥出产的优质无烟煤，用于炼钢最好。贝沙尔出产的烟煤，是优质燃料。撒哈拉还有大量的油页岩，这是一种重要的工业原料。阿尔及利亚、利比亚、突尼斯和埃及还有储量丰富的天然气。

　　"金属矿藏在经济发展中是非常重要的。撒哈拉地区探测出储量很大的铁矿，主要在阿尔及利亚北部的山区以及毛里塔尼亚西部的伊吉尔山区，埃及、摩洛哥、突尼斯等国也大量出口铁矿石。铜矿

石在这里也很多，主要产于毛里塔尼亚。阿尔及利亚有丰富的锰矿资源。撒哈拉沙漠中还有大量铀矿，尼日尔是主要产区。工业原料磷酸盐大量分布于摩洛哥和西撒哈拉沙漠。"卡尔大叔说。

"既然有这么丰富的金属矿藏和燃料资源，撒哈拉的经济发展应该比以往都快才对啊。"帅帅说。

"当地居民也这么认为，但事实并非如此。因为当地科学技术水平低下，丰富的矿藏都被外国人控制，所以撒哈拉的贫穷局面一直没有得到改变。"卡尔大叔说。

"沙漠居民们并未从丰富的矿藏中获得什么好处。相反，由于随意开采资源，环境被破坏，大草原在逐渐退化。随着经济的发展和定居政策的实施，撒哈拉游牧民族更加衰落了，因生态环境被破坏，传统居住地区变得无法居住，使得很多游牧民族只好涌进绿洲和城镇生活，这又导致人类居住区更加贫穷和拥挤。"

"在油田和采矿区工作的人的工资应该不低，可以解决一部分居

民的就业问题吧？"史小龙十分不解。

尤丝小姐说："在油田工作，肯定会有较高的工资。但这破坏了居民们传统的生活，而且这种工作机会并不是很多，也不是永久性的，不能从根本上解决问题。"

"撒哈拉沙漠的传统行业，如羊毛、兽皮加工行业已经逐渐衰落，只有北非的椰枣行业还能勉强维持其重要的地位。当地也出产食盐，但因技术落后，食盐成本较高，面临与廉价进口食盐竞争的困境。从 20 世纪 50 年代开始，当地旅游业开始逐渐发展起来，但因交通不便，提供食宿也困难，旅游经济只能在沙漠边缘地带进行。

"在交通运输方面，撒哈拉以前主要靠骆驼商队，尽管运输过程很辛苦，但一直延续着。随着现代交通业的飞速发展，人们搬迁到交通较发达的地区居住，跨撒哈拉贸易由此失去很多贸易机会。原来的骆驼商队逐渐失去优势，虽然看似是一种进步，但

盐

对当地的骆驼饲养者和经营骆驼商队的人来说，却是不小的打击。

"早期跨撒哈拉贸易兴盛时期，主要贸易项目是象牙、黄金、食盐和奴隶贸易，但现在这些贸易大部分已经不可能再进行了。如今，只有少数骆驼商队在继续从事贩运食盐的生意，绝大多数的骆驼商队已经停业了。很多贸易路线已经被一些改装机动车取代了。

"随着时间的推移，现代公路正沿着撒哈拉古代贸易路线逐渐修筑，很多原先荒无人烟的地方都开始有人烟了。这虽然是一种社会进步，但很多行为会破坏自然，甚至很多时候只是为了一点点微薄的利润，就毫不顾及沙漠生态环境，大肆开发，加剧了撒哈拉地区的荒漠化，这是令人感到痛心的。"卡尔大叔说。

第十九章

19

撒哈拉前途堪忧

讲完撒哈拉的发展历史，卡尔大叔话锋一转，开始说到撒哈拉的发展前途问题。

　　"与全球环境危机一样，撒哈拉沙漠也不能幸免。

　　"20世纪50年代，苏丹首都喀土穆的四周还是一片热带疏林草原，可是仅仅20年时间，只有在距离这座城市90千米的地方才能看到这种风光了。撒哈拉沙漠正在不断夺取人们赖以生存的土地，它改变了当地的气候，如同一片恶魔之云，笼罩着非洲。1968年到1974年这6年间，撒哈拉沙漠向南推进了300千米。在近半个世纪的时间里，撒哈拉沙漠吞没了南部大约65万平方千米的土地。这些土地曾经十分肥沃，流沙的前沿也长达350千米以上。

　　"灾难还在不断地降临。20世纪80年代中期，一场空前的大饥荒降临整个撒哈拉地区，那些干旱荒漠地区的国家至少有上百万人被各种疾病和饥饿夺走了生命，数千万人背井离乡，成为'生态难民'。"

卡尔大叔说。

"什么是'生态难民'？"秀芬问。

卡尔大叔答道："生态难民是指因生态环境急剧恶化，迫使人们不得不离开自己世代居住的故乡，四处流浪，或大批迁徙到其他地区去。"

尤丝小姐说："从1958年至1975年，仅17年的时间，非洲的干旱区面积就达到1800万平方千米，约占非洲土地总面积的60%。日益恶化的生态环境，加快了撒哈拉沙漠不断向四周扩张的速度。非洲东南部的生态环境原本就比较脆弱，现在又在短期内急剧恶化，植被枯死，动物迁徙，很快成为荒漠区。北部非洲每年有将近1000平方千米的牧场退化为沙漠，昔日富饶的尼罗河三角洲每年也有13平方千米的土地被荒漠吞噬。"

卡尔大叔说："撒哈拉沙漠的扩张与人类社会的发展有

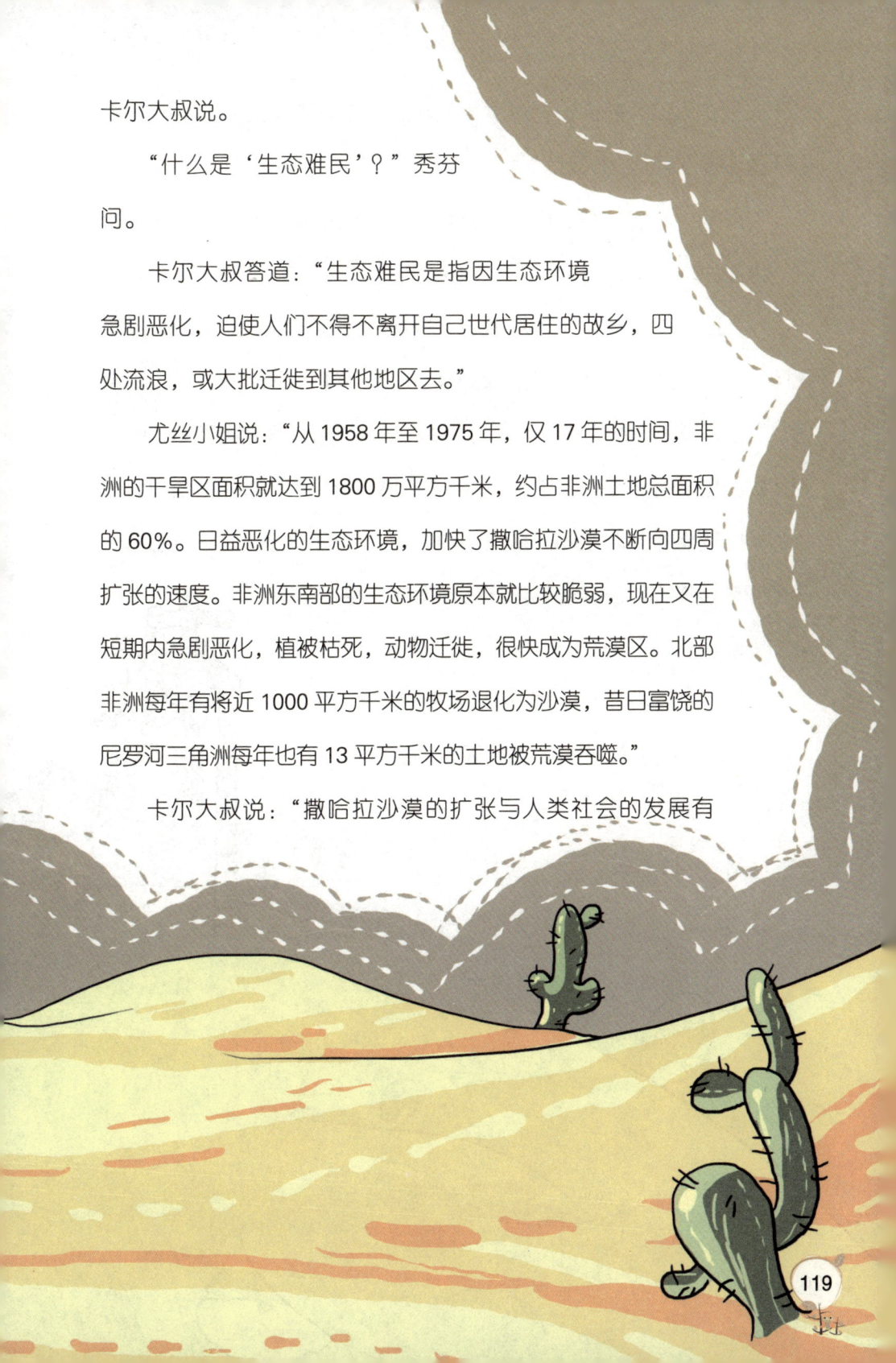

很大关系。人口不断增长，过度的放牧和耕作给原本就非常脆弱的生态环境带来了巨大的灾难。"

"是的。从上个世纪 60 年代开始，西非大规模扩大农作物种植面积，大量引水灌溉，这导致了 70 年代的大干旱。"尤丝小姐赞同地说。

"人口不断增长，人们就必须扩大耕种面积，农田不断增加，牧场不断减少，但对牲畜的需求量却越来越大，这样就只能进一步扩大放牧区……这种循环链条式的人类活动，使得环境的多样性遭到破坏，单一农作物种植又使得土地肥力不断下降，土壤板结现象严重，土地调节气候的功能被减弱了，而风蚀和水蚀又导致了干旱和水土流失，生态环境的自我恢复能力不断减弱，最终会演变成一场连续性的灾难。

"早在一百多年前，恩格斯就曾警告人们说：'我们不能太过沉醉于人对自然界的胜利，每一次这

样的胜利都会遭到自然界对我们的无情报复。'如今，千疮百孔、不堪重负的地球已经验证了恩格斯的这句话。撒哈拉沙漠的疯狂扩张已经给人们展示了这样一个残酷的事实。然而，扩张的沙漠又何止撒哈拉一个呢？持续不断的干旱、荒漠化和饥荒，让原本就是世界上最贫困、环境最脆弱的地区狼狈不堪，不要说摆脱贫困，向前发展，就连恢复到原先的生活状态都是难上加难了。

"三毛有一本书叫《哭泣的骆驼》，其实正在哭泣的何止是骆驼，整个撒哈拉都在哭泣，甚至呻吟。"卡尔大叔说。

大家远眺撒哈拉湛蓝的天空，心头都有些黯然。

"好吧！孩子们，该睡觉了，明天我们就要离开这个地方了。"尤丝小姐说道。

孩子们点点头，帅帅说道："但愿每一个人都能爱护自然，保护我们的地球母亲。"

夜已经很深了，三个孩子安静地睡去，脸上露出满足的笑容。